U0163286

"十四五"国家重点图书出版规划项目

未来能源技术系列

总主编 黄 震

柔性直流配电网的运行控制和调度

OPERATION CONTROL AND
DISPATCHING OF FLEXIBLE DC
DISTRIBUTION GRIDS

解大 李岩 陈爱康 著

上海交通大学出版社
SHANGHAI JIAO TONG UNIVERSITY PRESS

内容提要

本书主要关注直流配电网运行控制的相关技术,尤其是变流器等值后,直流配电网中电网层面的控制运行问题。主要内容包括直流配电网的发展、构成和拓扑,直流配电网中的变流器设备网络级建模,直流配电网的稳态潮流和故障控制,以及直流配电网调度控制的基础理论。本书面向的读者是从事电力系统工作与研究的工程技术人员和高校教师,以及电力系统及其自动化专业的高年级本科生和研究生,对于从事电力系统装备研发的技术人员也有一定的参考意义。

图书在版编目(CIP)数据

柔性直流配电网的运行控制和调度／ 解大,李岩,陈爱康著. —上海: 上海交通大学出版社,2023.11
(未来能源技术系列)
ISBN 978－7－313－29321－3

Ⅰ.①柔… Ⅱ.①解… ②李… ③陈… Ⅲ.①直流电路—配电系统—研究 Ⅳ.①TM727

中国国家版本馆 CIP 数据核字(2023)第 160731 号

柔性直流配电网的运行控制和调度
ROUXING ZHILIU PEIDIANWANG DE YUNXING KONGZHI HE DIAODU

著　　者:	解　大　李　岩　陈爱康			
出版发行:	上海交通大学出版社	地　　址:	上海市番禺路 951 号
邮政编码:	200030	电　　话:	021－64071208
印　　制:	上海颛辉印刷厂有限公司	经　　销:	全国新华书店
开　　本:	710 mm×1000 mm　1/16	印　　张:	9.75
字　　数:	183 千字		
版　　次:	2023 年 11 月第 1 版	印　　次:	2023 年 11 月第 1 次印刷
书　　号:	ISBN 978－7－313－29321－3		
定　　价:	89.00 元		

版权所有　侵权必究
告读者: 如发现本书有印装质量问题请与印刷厂质量科联系
联系电话: 021－56152633

前　言

20 世纪 70 年代,交流大电网的建成标志着传统电力系统的基本问题已得到解决,但是随着输电距离的增加、电压等级的提升和大量风、光等新能源的接入,引起了人们对交流大电网运行问题的担忧,这促进了直流电网重新走进工业界的视野。作为低电压直流电网的柔性直流配电网也就自然成为配电系统的可选方案之一。

柔性直流配电网与交流配电网的基本功能是相同的,它们都是高压输电网和低压用电网的连接部分,可以实现电能路由、电压变换、运行控制与保护等配电功能。通常情况下,电能量的流向为从输电网经配电网到用户网,在当前分布式新能源大量接入的情况下,用户网也可能会有逆向功率流动到配电网,因此在配电网中需要实现功率的平衡。除非存在特殊情况,配电网不会有逆向功率流动到输电网络,这对于柔性直流配电网也适用。以上的定性分析说明配电网是一个电能量路由的网络结构,而且它接入输电网络的节点功率方向较为确定,这为研究柔性直流配电网的调度提供了一个有效的思路。

首先要说明的是,本书研究的柔性直流配电网络不是简单的点对点直流系统,本书讨论的柔性直流配电网是网络形式的拓扑结构,并且至少拥有一个回路。点对点的直流连接大多数早已成功应用在特高压或超高压直流电力系统中,这样的系统所关注的问题是直流传输的可靠性问题、直流阀片问题、闭锁问题,以及交直流系统运行问题。值得注意的是,因为上述所提及的直流系统并未形成回路或环网,所以系统网络问题原来仅存在于交流系统的回路中。

众所周知,与交流输电不同,直流电网只能传输有功功率,并且有功功率的流向仅取决于直流电压。交流电网有功功率的传输则取决于两个节点的电压相位差(即功角),而相位差又与交流电网的频率密切相关。因此,交流系统的有功功率与整个系统的旋转惯量有直接的联系,就是一般意义上的系统惯性。直流电网则不存在这种惯性,直流电压差的变化将即时反映到网络每条支路的功率变化中,也就是说,直流电网功率流动的变化每时每刻都在发生,而且由于没有机械旋转动能的参与,变化的速度远高于交流系统。因此,一个由多回路构成的柔性直流配电网络的功率变化相比点对点的直流输电更为复杂,控制也更为困难。

对于柔性直流配电网而言,为了分析功率与电压的关系,建立一种模型是必要的。由于在本书中需要解决的是柔性直流配电网的功率控制问题,而不关注电网中单一元件的运行,同时由于电磁暂态模型的计算中含有大量的电力电子元件,柔性直流配电网中元件较多时,会出现计算的维数灾难问题,因此不建立电磁暂态模型进行计算。为了分析柔性直流配电网的节点电压和线路功率,应该建立柔性直流配电网元件的电压-功率控制模型,这种模型的计算速度快,与调度控制要求一致,同时只反映电压-功率控制的关系,并且能够在调度控制算法中得到应用。显然,这样的模型必然以控制算法为目标,具有简单和可操作性。

本书重点关注柔性直流配电网的动态问题,因此在本书最后对这个问题进行了初步探索,期望在将来能够从机理上有所阐释。

本书共有4章,从柔性直流配电网的构成单元入手,按照变流器建模、直流网稳态与故障控制、直流网调度的次序讨论了直流配电网的拓扑、计算、控制的理论和技术方法。第1章简要综述了柔性直流配电网的基本概念、发展和研究方法;第2章详细研究了柔性直流配电网的构成单元——变流器的控制和运行特性,建立了变流器功率过程控制数学模型;第3章讲述了柔性直流配电网稳态计算方法和故障控制策略;第4章讨论了柔性直流配电网的调度策略,并且初步探讨了柔性直流配电网的非线性稳定问题。本书第1章、第2章及第3章第1~3节由解大撰写,第3章第4节由李岩撰写,第4章第1、2节由解大和陈爱康撰写,第4章第3节由解大撰写,全书由解大负责定稿并修改。

本书的大部分研究成果是由作者所在的上海交通大学及所指导的研究生共同工作所取得的,其中,研究生鲁玉普、赵祖熠、孙圣欣、喻松涛、吴汪平做了大量工作。在本书写作过程中,得到了上海交通大学电气工程系的领导和同事的大力支持,作者谨表示衷心感谢。作者特别感谢上海电机学院张延迟教授、英国巴斯大学顾承红博士对本项目和本书写作的大力支持及提出的宝贵建议。

本书有关的研究工作得到了国家"863"研究计划"紧凑化多端柔性直流配电网控制保护关键技术"项目(项目编号：2015AA050103)的资助,在此深表感谢。

数学建模与计算的过程中始终会遇到的核心问题是精确性与实用性的矛盾,我们之所以对柔性直流配电网建立模型实施控制,归根结底还是因为针对柔性直流配电网的超大规模实时仿真计算仍然不具有可操作性。但是,超级计算机技术的迅速发展,也不免使作者对基于物理本质的数学建模方法的未来感到困惑。有研究者也许会认为只要具备足够的计算能力就可以解决一切问题,但倘若如此,问题的物理本质意义似乎就不那么重要了,这或许是数学家们更加困惑的问题。

在本书的编写过程中,作者虽然对体系的安排、素材的取舍、文字的描述尽了最大的努力,但由于作者的水平所限,缺点和错误在所难免,恳请读者给予批评和指正。

解　大
于上海交通大学
2023 年 5 月

目　　录

第1章 绪 论

19 世纪 80 年代末,交流输电开始迅速发展,主要推动力是三相交流发电机和变压器的问世,使得大容量、远距离的交流输电成为可能,从此形成了现代交流电网的雏形。随着输电距离和电压等级的不断提高,交流电网的一系列问题,比如远距离输电稳定性等开始引起人们的关注,由此,电力系统的新构想——直流输电应运而生:先利用交流系统发电升压,经过整流器转换为直流并将电能远距离输送,再逆变为交流。自 1954 年瑞典哥特兰投运世界上第一个直流输电工程以来,直流输电技术以及与之相关的电力电子技术得到了快速发展。直流输电逐渐成为交流输电方式的一种有力补充而在世界范围内得到广泛应用。

1.1 柔性直流配电网简介

1.1.1 柔性直流配电网的发展

随着电力电子技术、信息控制技术的进步和发展,尤其是以绝缘栅双极晶体管(insulated gate bipolar transistor,IGBT)为代表的全控型可关断器件的快速发展,功率型电力电子器件的电压和容量等级不断提升,电力系统内开始采用 IGBT 构成电压源变流器(voltage source converter,VSC)来进行直流输电,这种新型的直流输电概念最早由加拿大 McGill 大学的 Boon-Teck 等学者于 1990 年提出。国际大电网会议(International Council on Large Electric Systems,常用缩写为 CIGRE)和美国电气与电子工程师协会(IEEE)于 2004 年将其正式命名为 VSC - HVDC (voltage source converter based high voltage direct current)。ABB、Siemens 和 Alstom 公司则将该技术分别命名为 HVDC Light、HVDC Plus 和 HVDC MaxSine,在中国则通常称之为柔性直流技术(HVDC flexible)。它通过脉冲宽度调制(PWM)技术,准确快速地控制电压源变流器的电压幅值。电压源变流器可以等效为幅值和相位都可以控制的可控电压源,从而实现四象限运行,灵活地控制有功功率和无功功率的传输。

柔性直流配电网是指以柔性直流技术为基础,由各种直流电源、直流负荷及微电网和柔性直流换流站等组成的,运行在某一确定直流电压下的配电网络,其与上级网络之间通过柔性直流换流站连接,上级网络可以是交流无穷大电网或直流无穷大电网,具有功率双向可控、高可靠性、高供电质量、灵活友好接入、快速响应等优良性能。在现代配电系统中,分布式电源、储能设备和负荷的直流化发展趋势进一步推动了柔性直流配电网的发展。

常见的分布式电源主要有光伏电池、风力发电机、燃料电池及燃气轮机等,这些分布式电源最终的电能输出方式都是直流电或可经过简单整流后变成直流电。在柔性直流配电网出现之前,上述分布式电源必须通过逆变器才能接入交流电网。例如,光伏电池产生的是直流电,需要经过直流—直流(DC-DC)和直流—交流(DC-AC)两级变换才能实现并网;风力发电机虽然输出的是交流电,由于其不稳定,一般也是经过 AC-DC 和 DC-AC 两级变换后才并入电网。若将这些分布式电源接入柔性直流配电网,就会节省 DC-AC 变换环节,不但节省了成本,还降低了电能传输的损耗,提高了电能传输效率。

现代配电系统中的负荷也在日趋直流化。很多电气设备采用由直流电驱动的方式,包括电动汽车、手机、计算机、LED 照明灯、液晶电视等。另有很多电气设备采用了电力电子变频技术,在交流配电网中需要经过 AC-DC-AC 转换才能供电,而在柔性直流配电网中则可以省去 AC-DC 变换环节,这些设备包括空调、冰箱、洗衣机等。除此之外,大容量交流敏感负荷通常也会采用 AC-DC-AC 变换来提高电能质量。

直流断路器是柔性直流配电网安全运行和保护的关键设备,对防止故障范围的扩大有着重大的意义。在直流断路器的研究方面,国外相关机构较早地开展了研究工作,并且已经成功地实现了理论设计向工程实践的转化;国内的高校、企业也在积极地推进直流断路器技术的研究。目前,直流断路器技术还是制约直流输配电发展的重要因素之一。

直流配电线路的作用是为直流电流或直流功率提供通路。直流配电线路分为架空线路、电缆线路和架空-电缆混合线路三种类型。采用何种类型的直流配电线路应根据换流站位置、线路沿途地形、线路用地情况等因素加以综合考虑。架空线路结构简单、线路造价低、走廊较窄、损耗小、运行费用较低。电缆线路承受的电压高、输送容量大、寿命长。

直流变压器作为互联不同电压等级的直流网络的必要环节,也是将目前的点对点直流输电工程组建为多端直流系统乃至直流电网的关键设备之一,随着直流变压器的不断发展,当今直流变压器的作用不仅仅局限于提供电压变比,同时能够实现控制直流电网潮流分布、控制直流电网电压、隔离故障等功能。

1.1.2 直流配电网与交流配电网的技术对比

国内外研究资料表明,柔性直流技术具有提高电压稳定性、事故后快速恢复等优点,基于柔性直流技术的配电网在输送容量、供电质量、可控性能等方面都体现了交流配电网无法比拟的优势。

1) 直流配电网的供电能力

假设交流配电网的三相三线额定线电压和额定线电流分别为 V_{AC}、I_{AC},功率因数 $\cos\varphi$ 为 0.9,其供电容量为 P_{AC};柔性直流配电网的双极性双线的额定线电压和额定线电流分别为 V_{DC}、I_{DC},其供电容量为 P_{DC}。当交流线路和直流线路的长期运行允许温度相同时,其线路额定载流量也相同,即 $I_{DC} = I_{AC}$。而在导线截面、电流密度与绝缘水平相当的情况下,$V_{DC} = \sqrt{2}V_{AC}/\sqrt{3}$,则有

$$\frac{P_{DC}}{P_{AC}} = \frac{2V_{DC}I_{DC}}{\sqrt{3}V_{AC}I_{AC}\cos\varphi} = \frac{2\sqrt{2}V_{AC}I_{AC}}{2.7V_{AC}I_{AC}} = 1.05 \tag{1-1}$$

这说明,交流配电网三相三线的供电容量与柔性直流配电网双极性双线的供电容量大致相等。但直流线路占用的走廊宽度仅为交流线路的 2/3,假设两者的线路建造费用及占用走廊宽度相同,那么直流线路的供电容量可达到交流线路的 1.5 倍,因此采用直流配电能够有效提高供电容量。除此之外,采用三相三线结构的交流配电网和采用双极性双线结构的柔性直流配电网在相同电压等级下配送相同功率时,直流的线路损耗和线路电压损失都更小。

2) 分布式电源的接入

相比于交流配电网,分布式电源接入柔性直流配电网后,由于柔性直流配电网的"柔性"作用,系统各点有功功率和供电电压可以迅速得到控制,从而能更友好地接纳分布式电源并网。同时,分布式电源多为直流输出,可以经过 DC‐DC 变换后直接并入柔性直流配电网,省去了 AC‐DC 变换的环节,减少了传输损耗。

3) 控制灵活性

在交流无穷大电网作为柔性直流配电网的上级电网时,在柔性直流配电网负荷轻载的状态下可以通过灵活的潮流反转功能向上级交流大电网回送功率,并控制各个储能设备,达到稳定交直流电压、平衡系统有功输送、补偿交流无功功率、提高功角稳定性的目的。

4) 供电可靠性

相比于交流配电网,柔性直流配电网可以方便地采用多端配电结构,无须考虑各个电源之间的频率和相位同步问题,实现多条交流线路直接合环运行,并且无须使用开关设备倒闸,可以极大地压缩因交流供电线路故障导致的供电中断的时间

（数十毫秒级别），提高供电可靠性。

5）敏感负荷的高质量供电需求

由于城市电网规划与建设滞后于城市经济发展，供电质量问题在交流配电系统中没有得到完善的解决且日趋严重。而在大容量交流敏感负荷、变频负荷、数据中心和计算中心等中，直流负荷所占比例越来越多，对电能质量的要求也越来越高。

交流配电网存在多种类型的电能质量问题，比如电压波动、电压闪变、频率变化、谐波等。相比于交流配电网，柔性直流配电网通过 AC‐DC 变换可隔离交流系统电压跌落、治理谐波、补偿无功功率，进而提高电能质量。

1.2 柔性直流配电网的架构及其元件

1.2.1 柔性直流配电网的网络拓扑

世界范围内典型的柔性直流输电工程的主要技术指标如表 1‐1 所示。

表 1‐1 世界范围内部分已经投运和在建的柔性
直流输电工程的主要技术指标

地 址	国家	投运年份	交流电压/kV	额定功率/MW	直流电压/kV	主要功能	设备厂商	长度
Gotland	瑞典	1999	75	54	±80	将 Gotland 岛上的风电传至负荷中心	ABB	70 km
Directlink	澳大利亚	2000	132/110	180	±80	连接两个非同步交流电网	ABB	59 km
Tiæreborg	丹麦	2000	10.5	7.2	±9	将风力发电站与交流主网相连	ABB	4.3 km
EAGLE PASS	美国‐墨西哥	2000	132	36[①]	±15.9	互联系统，交易电力，两端异步电网	ABB	背靠背
Cross-Sound	美国	2002	345/138	330	±150	将两电网互联	ABB	40 km
Murraylink	澳大利亚	2002	132/220	200	±15	将两电网互联	ABB	180 km
Troll A	挪威	2005	132/56	82	±60	为海上石油钻井平台供电	ABB	67 km
Borwin1	德国	2009	380/170	400	±150	连接海上风电场至电网	ABB	200 km

（续表）

地　址	国家	投运年份	交流电压/kV	额定功率/MW	直流电压/kV	主要功能	设备厂商	长度
Transbar	美国	2010	230	400	±200	为大城市供电	Siemens	88 km
MACKINAC	美国	2014	138	200	±71	控制潮流、弱电网	ABB	背靠背
Dolwin2	德国	2015	380/155	900	±320	连接海上风电至德国电网	ABB	135 km
上海南汇	中国	2011	35	17	±30	并网风电	②	8 km
南澳	中国	2013	110	200	±160	世界第一个三端柔直，送出风电	③	39 km
浙江舟山	中国	2014	220/110	400	±200	五端柔直系统	④	140 km
福建厦门	中国	2015	110	1 000	±320	世界第一个对称双极性接线系统	⑤	10.7 km
河北张北	中国	2020	110	4 500	±500	世界首个柔性直流电网	⑥	666 km

注：① 同时含±36 MW(无功功率)；② 国网智能电网研究院；③ 南瑞、荣信、西电等；④ 南瑞、许继等；⑤ 许继、中天科技等；⑥ 南瑞、许继、四方等。

美国相对较早开始了直流配电网的研究。2010 年，美国弗吉尼亚理工大学 CPES 中心在为未来住宅和楼宇供电的 SBI(sustainable building initiative)研究计划基础上，提出了 SBN(sustainable building and nanogrids)的系统结构。整个系统分为 DC 380 V 和 DC 48 V 两个直流电压等级，分别给不同电压等级的负载供电。DC 380 V 母线依靠前端整流器和功率因数校正电路接入主电网，主要是为了匹配工业标准的直流电压等级。DC 48 V 通过 DC - DC 变换器与 DC 380 V 母线相连，主要是为了匹配通信标准的直流电压等级。2011 年，美国北卡罗来纳大学提出了 FREEDM(the future renewable electric energy delivery and management)系统结构，用于构建未来自动灵活的配电网络。该系统分为 DC 400 V 和 AC 120 V 两个电压等级，在该系统中，同时包含交流配电网和直流配电网，它们均通过智能能量管理(intelligent energy management，IEM)装置与大电网连接，其中直流配电网主要用于集成分布式电源单元、分布式储能单元及直流负载等。

日本东京工业大学等于 2004 年提出了基于直流微电网的配电系统构想，并成功研发了一套 10 kW 直流配电系统样机。之后两年，日本大阪大学又提出了一种双极结构的直流微电网系统，通过 6.6 kV 交流配电网经降压变压器获得 230 V 交流电，然后再通过双向 AC - DC 变换器得到 170 V 直流电，燃气轮机通过 AC - DC - AC 变换器连接 230 V 交流电，蓄电池和超级电容等储能设备以及光伏电池等分布式电源均通过 DC - DC 变换器连接到直流母线。

2007 年,罗马尼亚的布加勒斯特理工大学提出了一种带有交替供电电源的直流配电系统结构,该系统不仅可以利用光伏和风力发电产生的电能,还可以由沼气等生物能供电。自 2008 年以来,英国、瑞士及意大利等国开展一项名为 UNIFLEX (universal and flexible power management)的研究项目,研究内容与 FREEDM 系统类似,主要研究新型功率变换技术适应未来大量分布式电源接入的欧洲电网的功率流动管理。

除美国、日本、欧洲外,韩国、中国台湾等国家和地区也展开了直流配电网的研究。我国柔性直流配电技术处于起步阶段,关于柔性直流输电技术的研究,无论在基础理论方面还是在工程实用化方面都有了初步探索的成果,我国已进入柔性直流输电技术大规模研发和工程推广应用阶段,对柔性直流配电技术具有很好的借鉴意义。在工程应用方面,目前柔性直流输电工程的主要设备大部分由 ABB、Siemens、Alstom 等公司提供。2011 年 7 月,亚洲首个柔性直流输电示范工程(上海南汇±30 kV 柔性直流输电示范工程)顺利投运,其中关键设备由国家电网公司智能电网研究院研制,使之成为世界上第三家具备柔性直流系统总成套能力的企业。2013 年 12 月,世界第一个多端柔性直流输电工程——南澳多端柔性直流输电工程顺利投入运行,该工程由 3 个换流站组成,最大换流站容量为 200 MV·A,直流电压等级为±160 kV,一次设备和控制保护装置完全由国内厂家自主研发完成,这标志着我国在多端柔性直流输电技术领域迈入世界前列。2014 年 7 月,浙江舟山±200 kV 五端柔性直流输电工程投运。2015 年,世界第一个采用对称双极接线方案的柔性直流输电工程,即福建厦门±320 kV 柔性直流输电科技示范工程正式投入运行,攻克了高压大容量柔性直流输电多项关键技术难关。2020 年,世界首个柔性直流电网——河北张北柔性直流试验示范工程竣工投运。

1) 美国 FREEDM 系统结构

2001 年,美国北卡罗来纳大学提出了一个名为"未来可再生能源传输及管理系统"(FREEDM 系统)作为未来智能配电网络的一种构想。FREEDM 系统构想了一种如图 1 - 1 所示的大量使用分布式可再生能源(distributed renewable energy resource,DRER)及分布式能源储存装置(distributed energy storage device,DESD)的未来电力系统网络结构。

FREEDM 系统的结构如图 1 - 2 所示。图 1 - 2(a)中连接 12 kV 交流主配电网母线与用户端的 400 V 直流母线及 120 V 交流母线作用的核心接口元件为智能能量管理设备,又常被称作能量路由器。由图 1 - 2(b)所展示的 FREEDM 系统的关键元件组成中可以看出,FREEDM 系统分为电气网络及信息流网络两部分,由

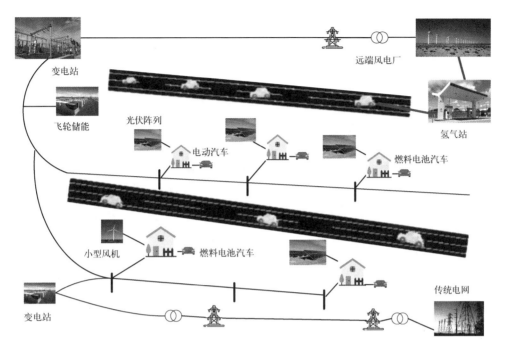

图 1 - 1 基于大规模使用 DRER 及 DESD 的 FREEDM 系统

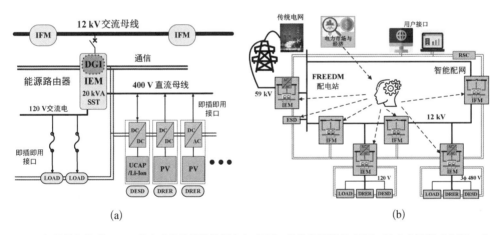

IFM—智能设备管理;DGI—分布式智能网络控制中心;IEM—智能能量管理;SST—固态变压器;LOAD—负荷;DESD—分布式能源储存装置;DRER—分析式可再生能源;UCAP—超级电容;Li - Ion—锂离子电池;PV—光伏;ESD—能源储存装置;RSC—可靠安全的通信。

图 1 - 2 FREEDM 系统结构图

(a) FREEDM 中的能源路由器;(b) FREEDM 的关键元件

分布式智能网络控制中心(distributed grid intelligence,DGI)进行统一协调控制,具体到网络中的各个节点接口处,能量路由器成为管理大量分散的负荷、分布式可再生能源及分布式储存系统的核心元件。

2）日本的直流配电网结构

2006 年,日本大阪大学提出的一种功率可双向流动的 170 V 双极性直流微电网结构如图 1-3 所示。

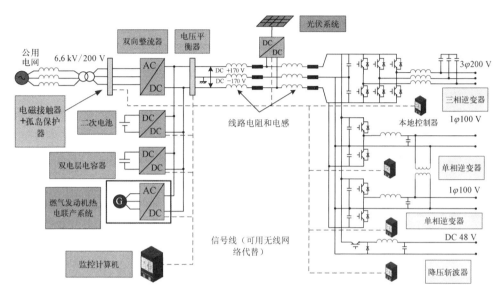

图 1-3　日本低压双极性直流微电网结构定义

6.6 kV 交流主电网通过 AC-DC 双向换流器与 ±170 V 的双极性直流微电网相连,直流微电网的主线路由正极、负极、零极三条线路组成。更低电压等级的交直流线路或设备通过各类 AC-DC、DC-DC 变流器与直流微电网的主线路相连,并实现功率的交换。

3）国内的直流配电网结构

国内关于直流配电网的研究更多地集中在各类 AC-DC、DC-DC 电力电子换流器的设备层面,对直流配电的网络层面的研究则刚刚起步。有报告提出了链式直流配电网结构、环状直流配电网结构及两端式直流配电网结构三种用于直流配电网的拓扑结构,并分别进行了可行性分析。

交流配电网一般包括升降压变压器、线路、隔离开关、无功补偿设备等,同时配置相应的继电保护装置。直流配电网则涉及换流站、直流断路器、直流变压器和配电线路等,网络内功率可以双向流动且是可控的。交流输电网、直流输电网、分布式电源等多种类型电源和交、直流负载经由变流器接入直流配电网,网络中各条线路可自由连接,也可互相作为冗余。参考一般交流网络的组网形式,基于直流配电网中的各种设备和实际的供电情况,直流配电网一般选择辐射状、环状和"手拉手"两端配电三种典型的拓扑结构。

（1）辐射状拓扑结构：辐射状结构如图 1-4 所示，辐射状网架中，系统的结构简单，运行和维护相对较容易，同时相对较容易识别和定位故障问题。

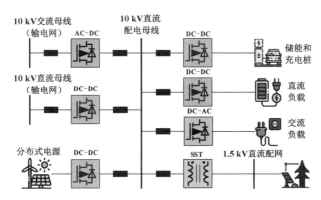

图 1-4　直流配电网辐射状拓扑结构

（2）环状拓扑结构：环状拓扑结构如图 1-5 所示，直流配电网中不存在无功功率、相位差、无功电流等问题，所以环状结构也不会遇到无功环流的情况。配电网系统上的电能来源多个系统，负载的供电可靠性较高。当网络中的某些部分出现一定程度的故障时，系统可以快速切断故障点，直流配电网系统也可以解环运行，运行可靠性显著提高。

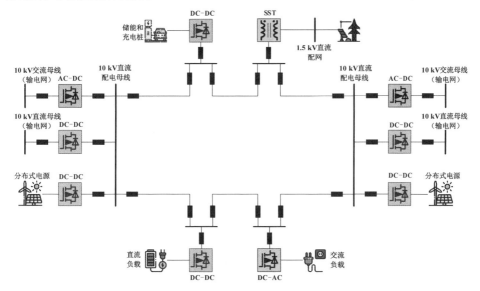

图 1-5　直流配电网环状拓扑结构

（3）"手拉手"两端配电拓扑结构："手拉手"两端配电拓扑结构如图 1-6 所示，"手拉手"两端配电的网络架构便于快速发现和定位故障点，减少了突发状况带来的损失。

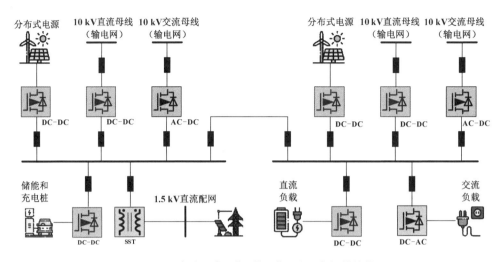

图 1-6　直流配电网"手拉手"两端配电拓扑结构

4）直流配电网的主接线和接地

多端中压柔性直流配电系统可行的主接线方式包括单极不对称系统主接线、伪双极系统主接线和双极系统主接线。在多端柔性直流配电系统中，单极对称接线方式是一种常用的合理的主接线方式。考虑孤岛运行方式时，±10 kV 中压直流母线电压由直流变压器控制，为了保证电压平衡，在直流变压器高压侧采用集中电容设置中性点接地，并且为了减少孤岛运行时的单极故障电流，中性点经电阻接地，如图 1-7 所示。直流配电网采用单极对称接线也可以选择交流侧接地方式，采用连接变压器的中性点经电阻接地方式，如图 1-8 所示。

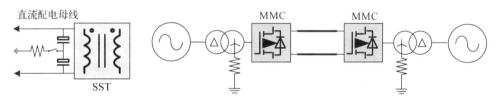

图 1-7　直流变压器的
高压侧接地方式设计

图 1-8　系统主接线方式及接地设计

注：MMC 为模块化多电平变流器。

配电网上承输电网络、下接用户网络，是一个中间层面的电力网络，相对于输电网络和用户网络，配电网络起着承上启下的作用。一般情况下，大部分的负荷连接于用户网络中，而电源则通过输电网络远方接入，配电网络层面上仅有少量中压负荷和分布式电源。而对于直流配电网来说，这些位于输电网络的电源和用户网络的负荷，都可以视为一个单端变流器的等效电路，直流配电网的中压负荷可以视为常规的负荷或变流器控制的负荷，分布式电源则可以视为变流器控制的电源。因此,直流配电网是由带变流器控制的负荷、电源与输电线路构成的电力网络。

1.2.2 柔性直流配电网中的变流器

一个可供研究的直流配电网必须具备电源、负荷、开关/断路器、变压器和灵活控制设备。其中,电源一般是分布式电源或上级电网节点,负荷指的是抽象为直流配电网等级中的直流负荷,变压器一般是直流变压器,灵活控制设备通常是各类电力电子装置和变流器。

在柔性直流配电系统构建中,各种类型的变流器是必不可少的。柔性直流配电网的典型变流器包括以下几类:

第 1 类变流器:用于接入无功率反送需求的交流负荷和就地消纳的新能源交流微电网。此时,直流配电网需要提供网侧直流支撑电压,变流器完成 DC - AC 变换,并且只需要具有单向功率传输能力。

第 2 类变流器:用于接入发电机等独立交流发电设备。由于发电机等设备输出电压固定,变流器完成 AC - DC 变换,并且只需要具有单向功率传输能力。

第 3 类变流器:用于接入有功率交换需求的上级交流电网和新能源交流微电网。此时,变流器具有双向功率传输能力,可完成 AC - DC 或 DC - AC 变换。

第 4 类变流器:用于接入无功率交换需求的直流负荷和就地消纳的新能源直流微电网。此时,直流配电网需要提供网侧直流支撑电压,变流器完成 DC - DC 变换,并且只需要具有单向功率传输能力。

第 5 类变流器:用于接入有功率交换需求的直流储能系统和新能源直流微电网。此时,变流器具有双向功率传输能力,可完成双向的 DC - DC 变换。

对于第 1 类单向 DC - AC 变流器,为了给无源交流负荷供电,传统的晶闸管换流技术无法满足要求,因此必须选用基于全控型器件的 VSC 变流器,与第 3 类双向 AC - DC 变流器技术方案类似,只是控制功能存在区别。对于第 2 类单向 AC - DC 变流器,VSC 整流方案具有功率因数高、输出电压纹波小、动态响应好等优点。因此,VSC 变流器可同时满足第 1 类单向 DC - AC 变流器、第 2 类单向 AC - DC 变流器和第 3 类双向 AC - DC 变流器的要求。

对于第 4 类单向 DC - DC 变流器和第 5 类双向 DC - DC 变流器,直流配电网中难以像交流系统那样通过电磁感应交流变压器的方式实现电压变换,必须基于电力电子技术通过功率变流器实现电压变换和功率传递,尤其是不同电压等级直流配电网的连接。在低压小容量领域,DC - DC 变流器已经得到比较广泛的应用,但由于电力电子半导体器件发展程度的限制,中高压大容量的高频隔离 DC - DC 变流器和 DC SST 仍有待研究和发展。

1) VSC 变流器(第 1 类＋第 2 类＋第 3 类)

在 VSC 变流器的结构中,两电平 VSC 变流器是最为常见的拓扑结构,典型拓扑结构如图 1-9(a)所示,其受限制于本身功率开关器件的电压与电流能力,一般适用于低压直流系统。中、高直流系统中则采用开关器件串联的方式,但其也会导致开关过程中串联器件的分压不平衡,ABB 公司投运的直流输电工程采用的两电平 VSC 变流器结构如图 1-9(b)所示。

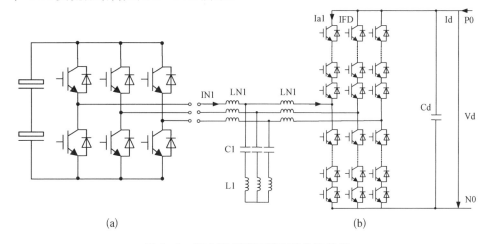

(a) (b)

图 1-9 两电平 VSC 变流器结构和应用

(a) 两电平型电压源变流器结构;(b) 两电平型电压源变流器应用

随着网络电压等级的提高和容量的增长,常规的两电平 VSC 变流器受制于开关器件的特性难以满足现实需求。早期的解决方案是直接串联开关器件,但是其动态均压问题难以有效解决,同时无益于改善谐波和提高器件效率。日本学者于 20 世纪 80 年代初提出三电平中点箝位(NPC)型 VSC 变流器,多电平变流器技术获得迅猛发展,如图 1-10 所示。

相比于早期的两电平 VSC 变流器,NPC 型 VSC 变流器可以将输出电压等级提高一倍。但是,NPC 型 VSC 变流器仍然很难适用于中压直流系统。

多电平 VSC 变流器在拓扑结构设计上可分为三种:二极管箝位结构、飞跨电容型结构、H 桥级联型结构。图 1-11(a)所示为二极管箝位型多电平 VSC 变流器的拓扑结构,二极管箝位型结构通过增加接入箝位二极管的数量来提高电平。但现实情况是,随着电平的

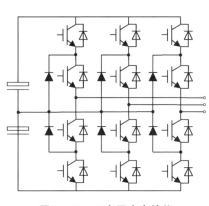

**图 1-10 三电平中点箝位
电压源变流器**

不断增加,实用电路一般不超过五电平。图1-11(b)所示为飞跨电容型多电平VSC变流器的拓扑结构,采用箝位电容取代了二极管,电平数目也同箝位电容的数量密切相关,电平级别的增长将随之导致箝位电容数量以平方倍数增长。图1-11(c)所示为H桥级联型多电平VSC变流器的拓扑结构,目前其已在高电压领域取得了很多应用,局限之处在于,H桥级联型多电平VSC变流器的连接单元的直流侧是悬浮和独立的,装置不具备公共的直流侧,无法适用于变流器背靠背连接的场合。

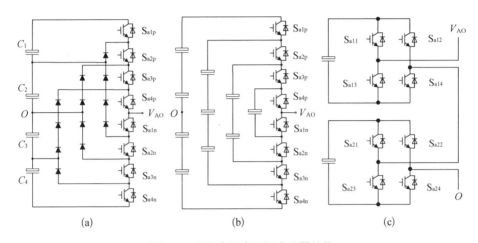

(a)　　　　　　　　　　(b)　　　　　　　　　　(c)

图1-11　多电平电压源变流器结构

(a) 二极管箝位型多电平VSC;(b) 飞跨电容型多电平VSC;(c) H桥级联型多电平VSC

注:图中C代表电容,S代表功率开关的管,O为中心点,各下标代表电容或功率开关管的编号。

德国学者R. Marquardt和A. Lesnicar于2002年提出模块化多电平变流器(MMC)概念。自诞生之初,MMC就以其良好的输出特性、灵活的扩展性和高电压特性吸引了学者的关注。针对不同的应用场合,MMC发展了许多衍生的拓扑结构,其最基本的拓扑结构如图1-12所示,该结构是目前应用最为广泛的MMC拓扑结构,既可以实现AC-DC和DC-AC变换,也能满足AC-AC变换的需求。目前,MMC在美国的Trans Bay Cable Project直流输电工程、上海南汇风电场柔性直流输电工程、大连跨海柔性直流输电示范工程、舟山五端直流输电工程、南澳风电场直流输电工程等均得到了应用。

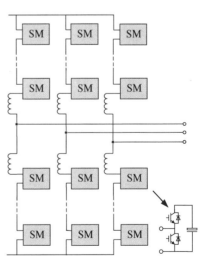

图1-12　模块化多电平电压源变流器结构

注:SM(sub-module)代表结构相同的子模块。

2) DC-DC 变流器(第 4 类＋第 5 类)

低压用户端的 DC-DC 变流器一般采取输入输出不隔离的 Buck-Boost 电路形式。Buck-Boost 型 DC-DC 变流器具有输出稳压、结构简单、工作频率高等特点,但由于功率等级的限制,通常仅在低压直流配电网中作为家用电器的电源适配器,或用于实现某些低压设备(如蓄电池)的电压转换,其拓扑结构如图 1-13 所示,两个功率开关不同时开通。升压运行时,S_d 管开关动作,S_u 管驱动信号可靠封锁,工作在 Boost 状态;降压运行时,S_u 管开关动作,S_d 管驱动信号可靠封锁,工作在 Buck 状态。

中压配电网的 DC-DC 变流器采取输入输出隔离的 DC SST 的形式。目前,可行的适用于直流配电网系统的 DC SST 拓扑结构主要有器件串联型、模块化多电平型和多重模块化型。

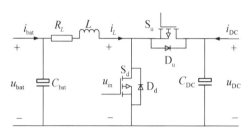

图 1-13 Buck-Boost 型 DC-DC 变流器

对于能够接入中压直流配电母线的 DC SST,器件串联是一种典型的技术方案。变流器的高压侧可以采用三电平或者器件串联结构以增大电压等级,变压器采用高频隔离方案以提供电压匹配和电气隔离,如图 1-14 所示。该拓扑结构利用了结型场效应晶体管(JFET)正常时导通的特点,使变流器的驱动变得简单,但是功率损耗太大。

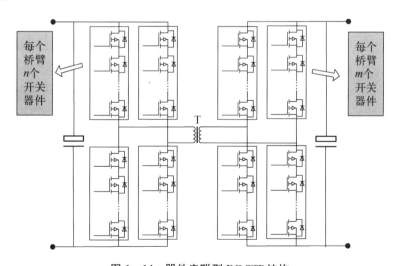

图 1-14 器件串联型 DC SST 结构

对于电压源型变流器,模块化多电平变流器(MMC)是目前的研究热点,MMC 的思路也可以扩展到 DC SST。相比于器件串联型 DC SST 方案,模块化多电平型 DC

SST 的高压侧由器件串联变换为 MMC 子模块串联以提高电压等级,如图 1 - 15 所示。与器件串联型类似,该方案考虑到了在高压侧使用 MMC 以提高电压等级,但是低压侧仍采用单独的单相变换结构,灵活性也并不高,并且独立的高频隔离变压器也使功率能力受到限制,应用领域受限。

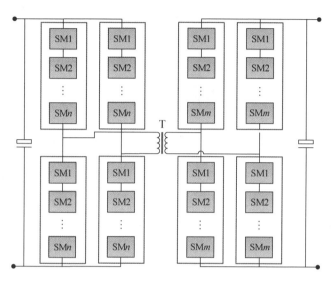

图 1 - 15 基于 MMC 的 DC SST 结构

多重模块化也是一种典型的方案以提高 DC - DC 变流器的电压和功率等级,例如输入串联输出串联(ISOS)、输入串联输出并联(ISOP)、输入并联输出串联(IPOS)和输入并联输出并联(IPOP)方案等,如图 1 - 16 所示。相比于器件串联型和模块化多电平型,多重模块化灵活性增强,可以通过串联或并联方案满足各类应用要求,可以通过增减模块调节系统容量和提供冗余,并且高频隔离变压器分散,容量较小,制造难度较小。

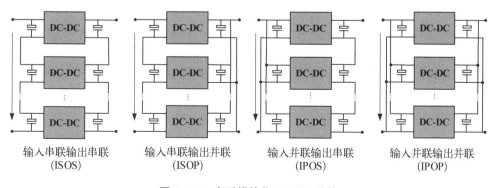

输入串联输出串联　　输入串联输出并联　　输入并联输出串联　　输入并联输出并联
　(ISOS)　　　　　　　(ISOP)　　　　　　　(IPOS)　　　　　　　(IPOP)

图 1 - 16 多重模块化 DC SST 结构

1.2.3 典型的柔性直流配电网结构

国际大电网会议(CIGRE)B4 工作组提出了一个多端柔性直流输电性能测试系统,如图 1-17 所示。该系统既可以统一运行,又可以分解成三个独立的直流输电子系统分别运行。三个子系统如图 1-18 中的 DCS1、DCS2 和 DCS3 所示。

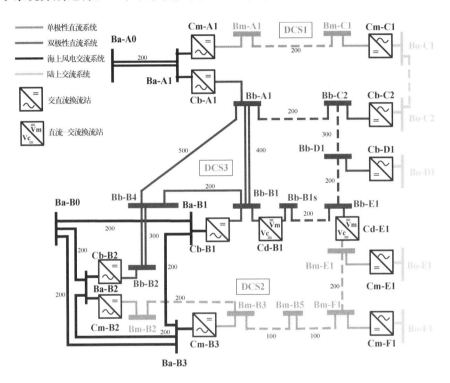

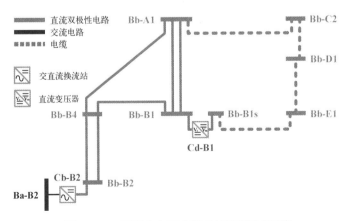

图 1-17 国际大电网会议 B4 直流测试系统

注:实线代表架空线路,虚线代表电缆。

参考子系统 DCS3,我们提出了一个八端柔性直流配电网的拓扑结构,如图 1-19 所示。该配电网络的主母线电压等级为 10 kV,所有直流源、荷、变流器均采用双极性连接。所有的线路长度以 km 为单位。上级交流网络以"Ba"表示,双极性直流节点以"Bb"表示,AC-DC 变流站以"Cb"表示,DC-DC 变流站以"Cd"表示。

上级交流系统 Ba-B2 设为平衡节点,可向直流配电网传输功率或从直流配电网吸收功率,这部分功率的上限等于

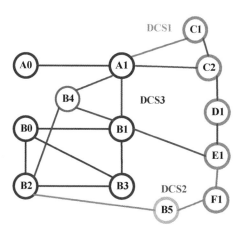

图 1-18 B4 直流系统基本构成

AC-DC 变流站"Cb-B2"的容量。直流节点"Bb-C2""Bb-E1"和"Bb-B1"设为发电大于用电,对外表现为电源节点;其他直流节点均设为用电大于发电,对外表现为负荷节点。该配电网络中的所有变流器均采用电压源型变流器,各个节点的上下电压波动限制设为 3%。

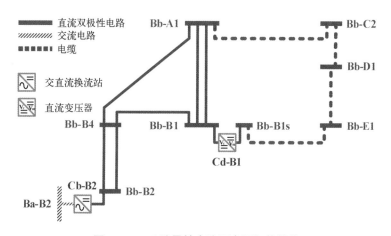

图 1-19 八端柔性直流配电网拓扑结构

变流站的运行方式如表 1-2 所示。AC-DC 变流站"Cb-B2"的运行方式设置为平衡节点模式,即以稳定直流配电网母线电压稳定为控制目标,限制是传输的功率低于本身变流站容量。DC-DC 变流站"Cd-B1"的运行方式设置为潮流控制器模式,功能是控制部分潮流的流动,该变流站两端电压等级相同,均为 10 kV,两端电压变比约为 1。变流站一侧电压低于该侧连接线路电压,呈现吸收功率的状态;变流站另一侧电压高于该侧连接线路电压,呈现释放功率的状态。

表 1 - 2　变流站运行数据

变　流　站	容量/(MV·A)	运　行　方　式
Cb - B2	10	平衡节点
Cd - B1	2	传输 0.4 MW(潮流控制器)

1.3　柔性直流配电网的仿真技术

所谓仿真技术,主要是指建立仿真模型和进行仿真实验的方法,可分为两大类:物理仿真技术(连续系统的仿真方法)和数字仿真技术(离散事件系统的仿真方法)。建立数学模型的方法有时也被列入仿真方法,这是因为对于连续系统虽已有一套理论建模和实验建模的方法,但在进行系统仿真时,常常先用经过假设获得的近似模型来检验假设是否正确,必要时修改模型,使它更接近于真实系统。对于离散事件系统,建立其数学模型就是仿真的一部分。

1.3.1　物理仿真技术

随着电力系统规模的增大及电力电子元件的广泛应用,非实时计算机仿真软件已经越来越无法满足研究及实验的需要,电力系统的实时仿真工具应运而生。

1) 实时数字仿真器(real-time digital simulator,RTDS)

RTDS 是计算机技术、并行处理技术及数字计算仿真的联合应用,采用 EMTP、EMTDC 软件包,可以完成 50 μs 步长的电力系统实时仿真。

RTDS 的硬件主要由后台工作站和数层 6U 机箱组成,其硬件结构如图 1 - 20 所示。其中,WIC 表示工作站接口,IRC 表示层间通信卡,TPC 表示双处理器卡。

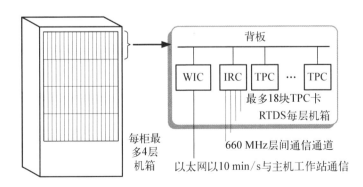

图 1 - 20　RTDS 硬件结构

每层机箱均可以与其他层的机箱连接,共同组成较大规模的仿真系统,而每层机箱在物理上又是相互独立的。

2) RT - LAB 软件

RT - LAB 软件是加拿大 Opal - RT 公司研发出的一款基于模型的工业级实时仿真系统平台软件,主要用于分布式仿真、快速控制系统原型、半实物仿真的软件和系统测试等。RT - LAB 软件完全集成了 MATLAB/Simulink 软件,可以将基于 Simulink 搭建的数学模型直接在实时仿真平台试运行。利用 RT - LAB 软件平台可对 Simulink 中搭建的电力系统进行仿真研究,可以大大提高仿真效率,拓展可研究的电力系统规模。

但是随着电力系统的日益发展,电力系统的规模越来越大,越来越多的不同电压等级的电网相互连接构成一个巨大而复杂的电力系统,这就使得使用物理模型进行实验的成本越来越高,准备时间也越来越长,进而导致通过电力系统物理模型实验来研究整个复杂电力系统成为一个无法完成的任务。

1.3.2　数字仿真技术

电力系统的复杂化同样也增大了电力系统数学模型的复杂程度,早期人工进行数学计算仿真的形式也逐渐难以适应电力系统数字仿真的庞大计算量。从 20 世纪 50 年代开始,随着电子计算机技术的发展,大规模电力系统的仿真计算成为可能。电子计算机技术推动了电力系统数学模型仿真计算的快速发展,多种基于电子计算机软件的电力系统数学建模方法及其仿真计算应运而生,极大地丰富了电力系统的研究方式。

1) BPA 程序包

20 世纪 60 年代,为了解决电力系统中的潮流计算、电力系统暂态稳定性等问题,美国邦纳维尔电力局(Bonneville Power Administration,BPA)开发了一套用于潮流计算与机电暂态分析的程序包。1984 年,中国电力科学研究院通过对美国的 BPA 软件包的学习、消化及吸收后,研发了一套适应中国电力系统现状的中国电力系统部门 BPA 程序包(power system department-BPA,PSD - BPA)。现在广泛应用于电力系统分析中的 BPA 通常是指上述中国电力科学研究院开发的具有中国特色的 PSD - BPA。美国 BPA 已于 1996 年终止了 BPA 潮流和暂态稳定程序的开发和维护,目前仅有中国电力科学研究院电力系统研究所在维护并升级 PSD - BPA。

BPA 程序包的核心算法是潮流计算程序与机电暂态计算程序,并且有短路电流计算程序、电力系统静态等值分析程序等功能程序。同时,BPA 程序包还包含了绘制单线图及地理接线图格式的潮流图程序、生成稳定曲线的绘图工具等图形辅助分析程序。

BPA 程序包与其中各功能程序和其所要计算的数据及输入输出文件的关系如图 1-21 所示。

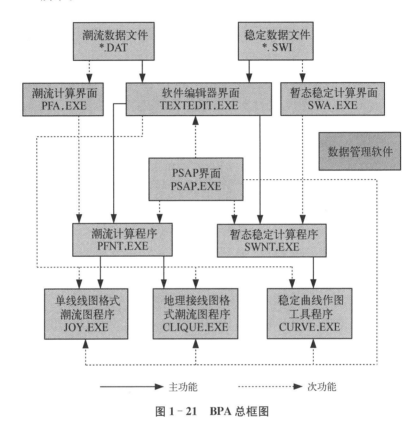

图 1-21　BPA 总框图

随着电力系统的继续发展,BPA 程序的历史局限性也逐渐显现出来,数据包中的数据输入方式已经无法描述和仿真现代电力系统中的电力电子装置及其愈发灵活的控制器模型。用户自主设计新型电力电子控制器模块并与 BPA 程序进行接口成为目前广泛应用的一种解决方案。

2) PSCAD/EMTDC

直流电磁暂态计算程序(electro-magnetic transient in DC system,EMTDC)是世界范围内广泛应用的电力系统分析软件之一。该软件是加拿大曼尼托巴水电局的 Woodford 博士为了研究高压直流输电系统而于 1976 年开发完成的。随后,Woodford 博士在曼尼托巴大学成立了高压直流输电研究中心,并不断对该软件进行升级和完善,这使得 EMTDC 的元件模型库日益丰富,仿真计算功能日益强大。电磁暂态程序(EMTP)的使用范围逐渐从研究直流电力系统问题扩展到交直流电力系统问题、电力电子仿真和非线性控制等多功能领域。

电力系统计算机辅助设计软件(power system computer aided design, PSCAD)是 EMTDC 的图形界面。PSCAD 的开发成功大大提高了 EMTDC 的用户友好性及便捷性。EMTDC 还可以作为实时数字仿真器(real-time digital simulator, RTDS)的前端,进一步拓展了软件在电力系统研究中的应用深度。

3) NETOMAC

NETOMAC(network torsion machine control)是德国西门子公司开发出的一套电力系统仿真软件,NETOMAC 是基于 Windows 操作系统设计的应用程序,可以应用在工作站或者电子计算机上。NETOMAC 中可以计算包含数千条线路和数百台发电机的大型算例,能够达到对大规模实际电力系统仿真的要求。

NETOMAC 的元件模型齐全,元件库包括避雷器、晶闸管等非线性元件、高压直流输电和静止无功补偿器等柔性交流输电系统装置的各种器件;NETOMAC 仿真频带宽,可以模拟 $1\times10^{-2}\sim1\times10^{6}$ Hz 频率范围内的仿真,能进行电磁暂态、机电暂态、稳态等各种电力系统过程仿真;NETOMAC 包含潮流算法、短路计算算法、动态等值算法等各类仿真计算程序,同时具有开放性,通过模块的仿真语言(block oriented simulation language, BOSL)可嵌入用户自主编写的 Fortran 语言的数学表达式、逻辑表达式及子程序等。

4) PSS/E

电力系统仿真器(power system simulator for engineerign, PSS/E)是美国电力技术公司(Power Technology Inc, PTI)1976 年推出的电力系统仿真计算的综合性软件。几十年来,该软件随着电力系统技术的进步而不断更新、升级,能处理潮流计算、故障分析、网络等值、动态仿真和安全运行优化等问题,是电力工业中应用最广泛的电力系统分析软件之一。

PSS/E 由于其高度模块化的结构使得它能完成很多功能,同时它还鼓励工程人员在标准的计算程序不能满足要求时可以引入自己的子程序来解决特定的问题。它具有强大的计算能力,目前,PSS/E 处理的电力网络最大规模为 5×104 条母线、105 条线路、105 个负荷和 12 000 台发电机。

5) PSASP

电力系统分析综合程序(power system analysis software package, PSASP)是中国电力科学研究院推出的电力系统综合仿真程序,可以用于电力系统规划分析、运行仿真及工程学习。

与其他仿真软件相比,PSASP 具备用户自定义模型功能,可以使电力系统的仿真模型不再受软件本身的元件模型库的限制,实现更宽领域的电力系统仿真;用户程序接口(user program interface, UPI)提供了开放性的接口,以便用户及开发人员进一步拓展软件的应用。

6) MATLAB/Simulink

MATLAB 是由英文单词 matrix 和 laboratory 的前 3 个字母组成的,字面意思是矩阵实验室。20 世纪 70 年代后期,美国新墨西哥大学计算机系主任 Cleve Moler 教授为了便于教学,对代数软件包 LINPACK 和特征值计算软件包 EISPACK 编写了接口程序,以此形成了最初版本的 MATLAB。经过科技的发展,许多优秀的工程师不断对 MATLAB 进行完善,使 MATLAB 从一个简单的矩阵分析软件逐步发展成为现在的具有极高通用性并带有众多实用性工具的运算平台软件。

Simulink 是 MATLAB 提供的实现动态系统建模和仿真的一个软件包,是基于框图的仿真平台。Simulink 嵌入在 MATLAB 环境中,以 MATLAB 的计算能力为基础,利用直观的框图完成系统模型的搭建并进行仿真。Simulink 提供了各种仿真工具,而且它又是可以不断扩展的模块库,这为仿真提供了极大的便利。从 Simulink 4.1 版本开始软件包含了电力系统模块库(power system blockset),该模块库主要由加拿大 HydroQuebec 和 TECSIM International 公司共同开发。在 Simulink 环境下所使用电力系统模块库的模块,可以方便地进行 RLC 电路、电力电子电路、电力系统及电机控制系统等的仿真。

基于 MATLAB/Simulink 软件的通用性,本书研究的计算机仿真部分均基于该软件平台进行。

1.3.3 电力系统数学模型的解法

1) 电力系统模型的稳态计算方法

潮流计算是电力系统模型稳态计算的核心内容,也是众多电力系统计算机仿真软件最重要的功能之一,它能根据给定的运行条件确定系统当前的运行状态。目前,电力行业中常用的潮流计算方法主要为牛顿法(又称牛顿-拉弗森法)、P-Q 分解法和最优潮流算法。

(1) 牛顿法:牛顿法是解决非线性方程的有效方法。牛顿法通过逐步线性化的方式对非线性方程进行求解。

设有一个非线性方程:

$$f(x) = 0 \qquad\qquad (1-2)$$

假设 $x^{(0)}$ 是方程的初值,而真实解为 x,即

$$x = x^{(0)} - \Delta x^{(0)} \qquad\qquad (1-3)$$

式中:$\Delta x^{(0)}$ 为初值 $x^{(0)}$ 的修正量。将式(1-3)代入式(1-2),按泰勒级数展开并忽略高次项,则有

$$f(x^{(0)}) - f'(x^{(0)})\Delta x^{(0)} = 0 \tag{1-4}$$

在解出 $\Delta x^{(0)}$ 的值后,由于简化过程的影响并不能得出 x 的真实值,只能得到一次计算后的接近解 $x^{(1)}$,若想求出真实解 x,需要继续重复式(1-4)与式(1-3)的计算。当 $f'(x^{(k)})$ 趋近于 0 时,得出该方程的解 $x^{(k)}$。

牛顿法的几何解释如图 1-22 所示,由此可以看出牛顿法求解非线性方程,实质上是一种"切线法"的求解过程。将牛顿法推广到多变量非线性方程组的情况,并应用于潮流计算。用牛顿法计进行潮流计算的程序框图如图 1-23 所示。

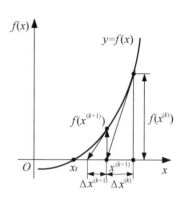

图 1-22　牛顿法几何解释

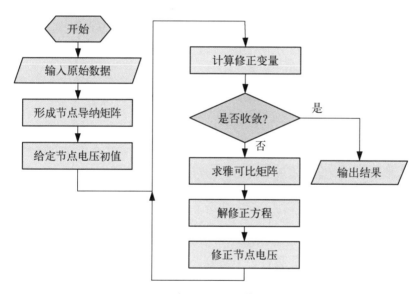

图 1-23　牛顿法潮流计算程序框图

(2)P-Q 分解法:P-Q 分解法的核心计算思想是将节点功率表示为电压向量的极坐标方程式,用有功功率误差来修正电压向量角度,用无功功率误差来修正电压幅值,将有功功率与无功功率分别进行迭代计算。相比于牛顿法,P-Q 分解法是依据一个不变的系数矩阵对非线性方程组进行迭代求解,在数学上属于"等斜率法"。因此,牛顿法与 P-Q 分解法在收敛性上的差异如图 1-24 所示,P-Q 分解法近似于线性收敛,而牛顿法则为平方收敛。

(3)最优潮流算法:电力系统最优潮流(optimal power flow,OPF)是由法国学者 Carpentier 提出的。OPF 问题本质上是非线性规划的问题,要求电力系统运

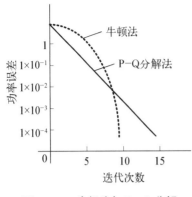

图 1-24 牛顿法与 P-Q 分解法的收敛性

行在特定的条件及安全约束的范围内。OPF 的目标函数多种多样,最常用的一般为系统运行成本最小及有功损耗最小两种。至今已经提出的最优潮流求解方法有很多,归纳起来大致可以分为非线性规划法、线性规划法、混合规划法、内点算法和人工智能方法等。

2) 电力系统模型的微分方程计算方法

电力系统中常见的微分方程组通常包括如下几种:① 描述同步发电机暂态和次暂态电势变化的微分方程组;② 描述同步发电机转子运动的摇摆方程;③ 描述同步发电机组中励磁调节系统动态特性的微分方程组;④ 描述同步发电机组中原动机及其调速系统动态特性的微分方程组;⑤ 描述直流系统蒸馏器和逆变器控制的微分方程组;⑥ 描述柔性交流输电元件的动态特性的微分方程组等。

上述微分方程均可以表示如下:

$$\frac{\mathrm{d}x}{\mathrm{d}t} = f(x, y) \tag{1-5}$$

仿真分析中通常采用数值积分的方法求解受扰运动微分方程组的时间解,并且以此为依据来判断电力系统受扰动后的暂态稳定性特征。

数学上对微分方程组的数值积分求解方法一般包括改进欧拉法、龙格-库塔法、隐式积分法。而在电力系统稳定分析时通常需要求解的是微分-代数方程组的联立解,针对此类问题通常采用交替求解法与联立求解法来解决。必须指出的是,所有微分方程求解必须要先具备一个初值,一般情况下,这个初值采用由代数方程求出的稳态解。

1.3.4 电力电子技术对电力系统仿真技术的影响

1) 电力电子元件的数学方程

电力电子技术在近些年来得到了迅速发展,尤其在电力系统大功率装备应用方面取得了卓越的成绩。

可以简化地认为电力电子元件是一种高速电子开关元件,例如绝缘栅双极型晶体管(insulated gate bipolar transistor, IGBT)可以如图 1-25 所示进行电路等效。图中,左侧为 IGBT 的实际电路图,右侧为等效电路图。在左侧 IGBT 实际电路图中,g 表示 IGBT 的门极,E 表示 IGBT 的发射极,C 表示 IGBT 的集电极,D

表示与 IGBT 反向并联的续流二极管。在右侧等效电路图中,R_1 表示 IGBT 导通时的等效输入电阻,R_s 表示 IGBT 关断时的缓冲电阻,C_s 表示 IGBT 关断时的缓冲电容,V_f 表示导通压降。IGBT 的特性曲线如图 1-26 所示。

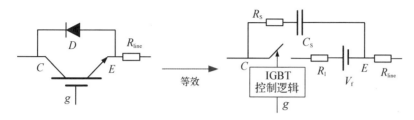

图 1-25 IGBT 等效电路图

注:R_{line} 代表连接导线的线上电阻。

Hefner 为 IGBT 的建模做出了巨大的贡献,他提出的数学模型可以对 IGBT 的内外特性进行模拟,但相对应地需要提取大量元件参数,并且对一个 IGBT 模型的仿真就需要占用大量的计算机资源,很难对大规模使用电力电子元件的系统进行仿真,因此该精确模型主要用于器件研制领域的仿真,而对电力系统的仿真通常采用如图 1-25 的简化方式。

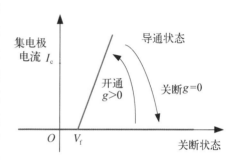

图 1-26 IGBT 特性曲线

将电力电子元件引入电力系统数学模型后,在仿真研究过程中遇到的难点如下:

(1) 电力电子元件的运行会形成电路拓扑结构的实质性改变,使得计算可能需要分为多个区域进行,例如矩阵可能需要分为两个或者多个区域进行分别计算。对于计算机仿真算法,大大增加了计算的内存开销。

(2) 由于电力电子元件具有高频开关特性,使得计算的步长必须要大于电力电子元件的开关频率,进而导致计算的次数大大增加,极大地增大了计算量。

(3) 电力电子元件的开关过程使得算法中几乎所有的元件都需要用微分方程的形式来描述。

2) 数模混合仿真技术

电力系统数模混合仿真目前是指发电机等旋转设备采用了数字模拟的方法,而电网其他模型采用物理模拟方法。数模混合仿真技术在交直流输电工程的试验研究中得到广泛应用。中国电力科学研究院电力系统仿真中心是具有国际先进水平的大规模电力系统仿真实验室,电力系统仿真中心的主要研究工具是数模混合式交直流电力系统实时仿真装置。它采用先进的数字和物理模型组合技术,构成兼有物理和数字技术特点的实时电力系统模型。利用这些仿真装置可以模拟多条互联高压直流输电系统、大区交流互联电网和大型交直流混合输电系统,还可以与实际工程中采用的直流输电控制保护装置及交流系统的安控装置等相连接进行功能检验和相关研究。

3）变步长法

变步长法的优点是可以在迭代求解过程中改变时间步长和积分方法,能够有效抑制数值振荡,变步长法主要包括改进节点分析法和状态变量法。

改进节点法给出的是电路的动态方程。代表性软件有 Saber、PSPICE 等。这些软件更多地用于开关器件和集成电路分析,缺少电力装备模型库,一般用于少量器件模块的仿真。改进节点法的方程形式如下:

$$
\begin{bmatrix} \boldsymbol{K}_C & 0 \\ 0 & \boldsymbol{L} \end{bmatrix} \begin{bmatrix} \dot{\boldsymbol{u}}_n \\ \boldsymbol{i}_L \end{bmatrix} = - \begin{bmatrix} \boldsymbol{K}_R & \boldsymbol{Q} \\ -\boldsymbol{Q}^T & 0 \end{bmatrix} \begin{bmatrix} \boldsymbol{u}_n \\ \boldsymbol{i}_L \end{bmatrix} + \begin{bmatrix} \boldsymbol{i}_S \\ 0 \end{bmatrix} \tag{1-6}
$$

式中:$\boldsymbol{K}_C$、$\boldsymbol{K}_R$、$\boldsymbol{L}$ 分别为电容、电导和电感支路的系数矩阵;$\boldsymbol{Q}$ 为关联矩阵;$\boldsymbol{u}_n$ 为节点电压向量;$\boldsymbol{i}_L$ 为电路中所有电感支路的电流向量;$\boldsymbol{i}_S$ 为节点注入电流源向量。

状态变量法使用表征系统状态的状态量的最小集合作为待解变量,使用图论理论对电路拓扑进行变换,从而获得电路的状态方程,其优点是能够将电路和控制方程统一列写。状态变量法属于一般性建模方法,列出的电路状态方程和输出方程组成如下:

$$
\begin{bmatrix} \dot{\boldsymbol{x}} \\ \boldsymbol{y} \end{bmatrix} = \begin{bmatrix} \boldsymbol{A} & \boldsymbol{B} \\ \boldsymbol{C} & \boldsymbol{D} \end{bmatrix} \begin{bmatrix} \boldsymbol{x} \\ \boldsymbol{u} \end{bmatrix} \tag{1-7}
$$

式中,$\boldsymbol{A}$ 为系统矩阵,$\boldsymbol{B}$ 为控制矩阵,$\boldsymbol{C}$ 为输出矩阵,$\boldsymbol{D}$ 为直接传递矩阵。

对于大规模的电路系统,列写状态方程将十分复杂,并且由于状态方程并不保留电路的结构信息,当电路中的开关状态切换时,都要重新列写状态方程。因此,该方法并不适合于大规模开关电路,为此人们又进行了多项改进。

1.4 柔性直流配电网的控制与保护技术

1.4.1 柔性直流配电网的控制技术

一个可控的直流配电控制系统框架应具有三级结构:柔性直流配电网底层变流器控制、柔性直流配电网上层统一控制、柔性直流配电网的最优运行控制。直流配电控制系统框架如图 1-27 所示。

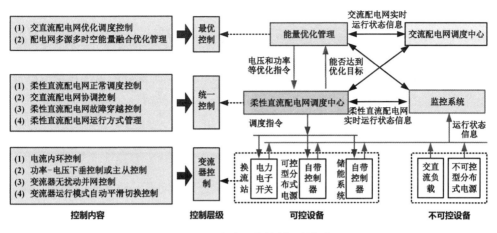

图 1 - 27　直流配电控制系统框架

最优控制为顶层控制。对于柔性直流配电网自身,考虑到配电网内包含多个分布式电源、储能和交直流负荷,具有利用电压源变流器快速双向功率调节能力,以及微电源、储能、负荷的多时空互补特性,在满足系统稳定性、电压波动和设备耐受能力等约束前提下,以分布式电源合理出力、减少储能系统运行损耗、网损最小、系统运行经济性最优等作为目标,进行配电网内部能量综合优化管理。对于交直流混合配电系统,直流配电系统使用的电压源变流器可以看作有功功率和无功功率可以独立调节的电压源,从而可以参与交流配电网的调节,以网损最小和功率合理分配等作为控制目标,实现交直流混合配电系统的最优运行。

统一控制是上层控制。参考能量优化管理输出参数,根据直流配电网实时运行状态信息,经过复杂的逻辑判断和数学运算,为各个可控设备提供模式选择、电压或者功率参考指令,直流配电系统的可控设备主要是指电压源变流器、直流变压器、直流开关设备、储能系统和可控分布式电源等。直流配电网的统一控制应包含多种控制阈值,而且需要具备高速控制能力,因为直流配电网的运行与交流电网不同,缺少电能与动能的转换,而相对于电能,动能是一种对功率突变有效阻尼的能量,即常说的惯性。因此,直流配电网的控制要求更高、控制速度更快,并且对电压的控制更为敏感。

变流器控制为底层控制。由于直流配电系统设备类型多、外特性差别大,需要对不同类型设备设计不同的底层控制策略,例如:储能系统、可控分布式电源等设备本身包含装置级控制,只需要中央控制器提供功率或者电压参考值,但电压源变流器等则需要单独配置变流器级控制器和阀控控制器等底层控制设备。底层变流器控制的一个重要部分是"分布自治"控制策略,主要包括主从控制和下垂控制。主从控制往往选择一个主换流站作为平衡节点,对其采取定电压控制,系统中的其他节点采用定功率控制。这种控制方式调压能力强,系统电压在功率波动情况下容易保持稳定。而下垂控制将电压的调节分摊到多个节点,电压波动的均衡性较好。有研究提出孤岛模式和并网模式下的变流器并联运行情况,提出基于等效电压源的变流器电压下垂特性控制。这种控制方法无需增加额外的通用控制电路或变流器之间的通信装置,实现并联运行变流器的无主从控制,充分符合分布式系统的"分布"特征。

1.4.2　柔性直流配电网的保护技术

直流配电网的保护是直流配电网安全运行的关键问题。相比于交流配电网,直流配电网的系统架构、工作模式等均有不同,因此传统的交流保护方案并不完全适合直流系统。另外,相比于高压直流输电,柔性直流配电网包括变流器、交流系统、直流线路、分布式电源、储能及用户等多个部分,任何一部分发生故障都会影响整个直流配电网运行的可靠性和有关设备的安全,因此直流配电网的保护配置更加复杂。

目前,直流配电网的保护可以归纳为三个研究方向:直流配电网的保护设备、直流配电网的接地方式、直流配电网的故障诊断与处理方法等。但是,各方向的研究均处于起步阶段,缺乏相应的标准、执行准则和实际操作的经验,有待深入研究。

直流断路器是直流配电网保护的关键,对系统灵活运行、防止故障范围扩大有重大的意义。有研究将集成门极换流晶闸管(IGCT)与直流机械开关相结合,充分运用 IGCT 的串并联技术研制出 10 kA 的直流混合式断路器的原型样机,获得了良好的实验结果。ABB 公司宣称开发出了世界上第一台高压直流断路器,该断路器主要是将机械动力学与电力电子设备结合,可以在 5 ms 之内断开一所大型发电站的输出电流。还有研究提出一种基于绝缘栅双极型晶体管的自然换流混合式断路器,并对其动态性能进行了建模分析。

对于直流配电网故障检测技术和故障隔离技术的研究继承了直流输电网的相关研究,主要检测量是故障电流和故障微分电气量。总结来说,目前国内外对直流配电网的研究还处于起步阶段,对于直流配电网各个方面的研究尚未形成完善的标准体系,也没有建成成熟的示范性工程,各项技术都在摸索中逐步发展。

IEEE 对于直流配电系统提出了标准 IEEE Std 946—1992,该标准对于核电站和非核电站的直流辅助电气系统提供了指导,主要包括设备数量和型号选择、设备定额选择、互联结构、测量参数、控制保护等方面。该标准给出了一种 125 V 的直流供配系统结构,以及该直流配电系统中各种设备的电压定额选择。该标准所涉及的直流配电网络仅仅涉及发电站内部设备,并未形成电压等级较高、覆盖较大区域和结构较为复杂的多端直流配电系统。

第 2 章　变流器的控制及运行特性

如前所述,柔性直流配电网的控制分为三层,变流器作为底层的自动装置,其内部的控制方法和运行特性对于柔性直流配电网有着重要的影响。与交流配电网不同,直流配电网的控制仅取决于电压。直流配电网的源网荷储协同问题本质上是电压协同问题。

2.1　柔性直流配电网的运行方式分析

2.1.1　直流变流器的构成分类

1) 直流变流器的一般应用场景

直流变流器可以分为 AC-DC 型和 DC-DC 型两种变流器,配电网的电压等级目前一般在 $1.0\sim15$ kV DC,为此组建的网络应该分为中低压两种,分别以 1 kV DC 和 10 kV DC 为目标设计,代表了低压用户电网和配电网两个等级。

在常规情况下,1 kV DC 的 AC-DC 变流器采取两电平全桥的经典形式,10 kV DC 的 AC-DC 变流器可以采用多电平 MMC 形式,低压用户端的全桥变流器已经非常成熟,中压的 MMC 是最具潜力的发展方向。根据 DC-DC 变换器的效率和运行电压限制,1 kV DC 的 DC-DC 变流器通常采取 Buck-Boost 电路形式,而 10 kV DC 的 DC-DC 变流器采取电子变压器的方式。此外,由于电流源型的变流器更加适合应用在非系统级目标调控的装置(如电能质量治理)中,所以配电网变流器的控制方法通常采用电压源控制策略。

由以上分析可以得到表 2-1。

2) 电源和负荷变流器的构成分类

电源有多种来源方式,主要的电源模式可以认为有以下 8 种:(G1)交流侧无穷大电源、(G2)直流侧无穷大电源、(G3)储能站、(G4)风电机组或风电场类的可再生能源、(G5)太阳能电站类再生能源、交流微电网 G6、直流微电网 G7、同步发电机 G0。储能站属于有限可调节的电源,风电等可认为是不可调节且能量波动剧烈

表 2 - 1　直流变流器的构成分类表

AC - DC 变流器		DC - DC 变流器	
1 kV	10 kV	1 kV	10 kV
全桥变流器	MMC 变流器	Buck-Boost	直流变压器

的交流电源,太阳能等可认为是不可调节且能量波动剧烈的直流电源。在假设交直流微电网都具有调度能力的情况下,其他的各种电源可认为是完全可以控制的电源。

由以上分析可以将表 2 - 1 推广为表 2 - 2,其中单向/双向指的是能量为单向流动还是可双向流动,下面一行编号代表其种类号码。

表 2 - 2　电源变流器分类表

AC - DC 变换器						DC - DC 变换器							
1 kV			10 kV			1 kV				10 kV			
交流源双向全桥变换器	风电单向全桥变换器	交流微电网双向全桥变换器	交流源双向MMC	风电单向MMC	交流微电网双向MMC	直流源Buck-Boost双向变流器	储能站Buck-Boost双向变流器	直流微电网Buck-Boost双向变换器	太阳能电站Boost单向变流器	直流源直流变压器	储能站直流变压器	直流微电网直流变压器	太阳能电站直流变压器
C1	C2	C3	C4	C5	C6	C7	C8	C9	C10	C11	C12	C13	C14

针对直流配电网进行研究时,上述电源建模只考虑电压和有功功率,交流电源可以给出电压相位和无功功率,但是不对电源内部建模,不讨论分布式电源内部的构成、电路及控制,因为以电网为主要研究目标,源荷都只考虑网端的接口,即仅考虑这些变流器的单端特性。

注意到表 2 - 2 的 DC - DC 变换器 10 kV 部分的后面三项,显然是储能站、太阳能电站首先将电压升到 1 kV 直流,再通过直流变压器进行第二次升压,即这部分内容表现了纵向两级变换器的情况。而表 2 - 2 的 AC - DC 变换器 10 kV 部分是由 MMC 直接构成的,可以认为无需二次变压,或者采用交流变压器升压,没有纵向级联的需要。另外,表 2 - 2 的 DC - DC 变换器 10 kV 部分的第一项 C11 等同于储能站无穷大或带负荷的理想情况,事实上,任何一个系统理论上都可以看成是一个无穷大的储能站,无论是交流系统还是直流系统。

因此,由表 2 - 2 可以派生出表 2 - 3,作为纵向级联相互作用的全部 7 种情况。

表 2 - 3　变流器纵向级联的全部组合

10 kV DC - DC 变换器						
一级直流源直流变压器		一级储能站直流变压器*	一级直流微电网直流变压器*		一级太阳能电站直流变压器	
二级交流源全桥变换器	二级直流源Buck-Boost双向变换器	储能站 Buck-Boost 双向变换器**	交流微电网双向全桥变换器**	直流微电网Buck-Boost双向变换器**	风电单向全桥变换器	太阳能电站Boost 单向变换器
C11/C1	C11/C7	C12/C8	C13/C3	C13/C9	C14/C2	C14/C10

源网协同对于变流器而言包括两个部分,一个是同级变换器之间的控制策略,一个是纵向分级变换器的协调。源荷协调主要针对主动型负荷,如储能站、无穷大电源,当然,实际上无穷大电源已经在源网协同中进行了讨论,因此就不作为主动负荷重复考虑了。所以,源荷协调只需要考虑储能站、交直流微电网即可,即表 2 - 3 中带星号的部分;如果包括纵向级联研究的话,那么再增加在表 2 - 3 中如双星号所示的部分即可。

负荷可以简单地分成两类:(L1)只消耗有功功率的直流负荷和(L2)交流 PQ 负荷。

2.1.2　典型柔性直流网络示例系统

根据上述的分析,给出一个可供研究的包含具体变流器的目标系统,如图 2 - 1 所示。

根据前述的定义,可以把图 2 - 1 的内容整理为表 2 - 4,并且采用前面的符号进行表示。

表 2 - 4　仿真系统的模型结构

母　线	1	2	3	4	5	6	7	8
一级变流器	C4	C4	C11 C11	C11	C11 C6	C13	C14 C13 C5	C14 C12
二级变流器	—	变压器	C1 C3	C7	C1 C7	C1	— C2/C9 C2 C9 —	C10 C8
源　荷	G1	G0	L1 L2	G2	L2 L1	G1	G6 G7 L2 L1 G4	G4/G5 G3

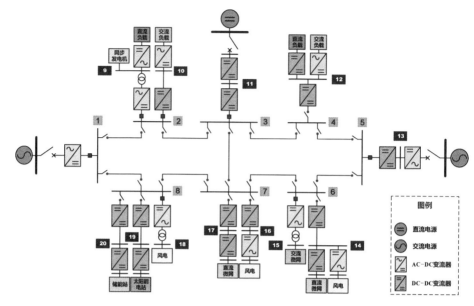

图 2-1 直流配电网典型系统结构

图中数字 1～8 为一级直流节点，9～20 为二级直流节点。

所有的研究内容在表 2-4 中均有体现，包括全部的变流器、负荷、电源，也包括了各种同级的变换器、二级的变换器等组合情况。针对直流配电网运行和控制，以上述提出的网络形式作为典型案例，有助于对全运行工况的分析和理解。

上述网络的运行状态全工况包括以下 4 种形式。

（1）双环网运行方式：此时，图 2-1 的所有开关均闭合运行。

（2）单环网运行方式：此时，3 号节点与 7 号节点中间的开关断开。

（3）"手拉手"双端运行方式：此时，断开 1 号、2 号节点之间的线路，以及 4 号、5 号节点之间的线路。

（4）放射网运行方式：此时，断开 3 号节点与 7 号节点中间的开关，同时断开 4、5 号节点之间的线路和 5、6 号节点之间的线路，将 5 号节点孤立到系统之外，形成放射网的运行方式。

上述的全部组合可认为是直流配电网的全部运行方式，它们运行的状态和效果可以进一步划分，这涉及每个变换器的控制策略。

2.1.3 直流配电网变流器控制组合及其运行的定性分析

直流功率与交流功率不同，它完全只依赖于电压高低流动，没有交流电压相位的概念，所以直流电网的主要控制目标是功率或电压。几种常见的母线电压控制方法如图 2-2 所示。

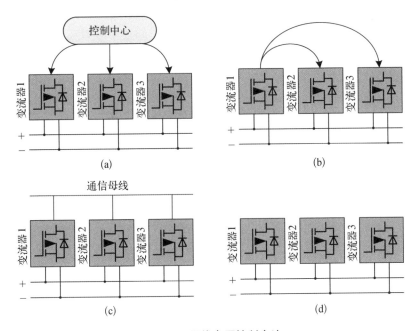

图 2 - 2　母线电压控制方法

(a) 集中控制；(b) 主从控制；(c) 互联无主从控制；(d) 无互联无主从控制

上述控制方法在现场都有应用。显然，图 2 - 2(d) 的方法更加符合实际系统的运行状况，因为并不是所有的情况下都能够有这样复杂的通信方式的，在多个变换器相距极其遥远的场合，通信的时延、可靠性都不能保证，所以无需通信即可以保证电压控制方法的形式是最好的选择。

无通信的系统中，变流器一般采用下垂控制，控制算法原理如图 2 - 3 所示，图中，P_{DC-ref} 为参考输出直流功率，P_{DC} 为测量直流功率，i_{DC-ref} 为输出直流电流控制参考值。U_{DC-ref} 为直流参考电压设定值，U_{DC} 为直流测量电压。采用电压控制方法可以实现直流功率的控制，并可以实现多个电源变换器的协调控制。

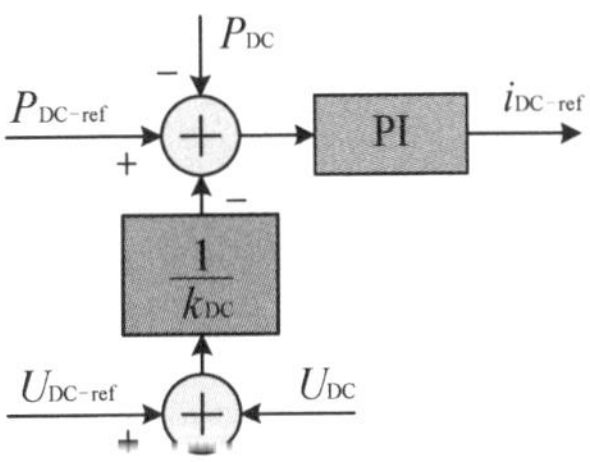

图 2 - 3　直流变流器的下垂控制算法原理

不过直流配电网的多变换器控制显然没有那么简单，因为在直流配电网中存在以下问题：① 电源与负荷处于同一电压等级的网络中；② 有的负荷还是主动型负荷；③ 并联于同一母线上的各个电源变换器的控制调整也不能是突变的，否则会产生较大的冲击；④ 电源与负荷可能并联在同一母线上；⑤ 由于直流配电网功率方向只由电压决定，各个变换器电压的确定必须要有一定的算法；⑥ 全网的电压与负荷功率之间必须保持一定的关系，这必须依赖于潮流，所以要研究潮流在变换器控制中所扮演的角色；⑦ 但是潮流并不是各个变换器能够掌握的数据。

1) 直流配电网运行分析的基础

上述问题中首先应该研究的是面的问题，即网络问题。那么，首先应该了解的是直流潮流，之后再考虑如何在未知潮流的情况下计算变换器的控制电压，最后再考虑点（即变流器接入的节点）的问题，包括一台变流器如何运行，以及多台变流器如何协调。

（1）直流配电网络的潮流问题：一个直流配电网最关键的控制对象是功率和电压，设所有用户以千瓦时作为计量单位，即已知每节点的全部注入功率（可记为 P_i），直流节点电压（可记为 V_i）假设未知。另外，作为直流网络已知的电路参数，只有电阻有计算意义。

显然，以下的方程都是成立的：

$$\frac{P_i}{V_i} = \sum_{j=1,j\neq i}^{n} I_{ij} \qquad (2-1)$$

$$V_i - V_j = I_{ij} \times r_{ij} \qquad (2-2)$$

$$P_i = \sum_{j=1,j\neq i}^{n} P_{ij} = \sum_{j=1,j\neq i}^{n} V_i \times I_{ij} = \sum_{j=1,j\neq i}^{n} V_i \times \frac{V_i - V_j}{r_{ij}} \qquad (2-3)$$

式中：P_{ij} 为从节点 j 流向节点 i 的功率；r_{ij} 为节点 j 和节点 i 之间的电阻；I_{ij} 为节点 i 与 j 之间流过的电流；V_i 与 V_j 分别为节点 i 与 j 的节点电压。

式（2-3）说明，在已知注入功率的前提下，可以通过合适的算法，求出每个节点的电压。实际上，由于直流网络不涉及电压相位的变化，仅仅用幅值表示即可。与交流电网不同，直流配电网可以采样每个节点的电压，也就是说，实际上完全可以知道每个节点的电压。那么求得的节点电压记为 V_{iRef}，可以将其认为是调控的目标值，而实际测量得到的节点电压记为 V_i，可以用来调节的变量。假设潮流的数据可以获得的话，那么就可以通过节点电压调节目标值与实际测量值的偏差，采用图 2-2 和图 2-3 的方法进行控制。

（2）不依赖潮流的变换器已知量：事实上目前大多变换器不可能在已知潮流的情况下调节，也就是说它们缺少调度能力。注意到本小节只讨论基础问题，后面才会涉及协同控制，即自动化调度，类似一种直流电网的自动发电控制（AGC）功能。因此，讨论变流器的算法只能依据变换器自身的已知量，这些已知量包括实际测量的输入/输出功率 P_i，实际测量的节点电压 V_t，各条线路的电阻 r_{ij}。

有文献提出的各变换器阈值设定的控制方法可以作为一个方式，但是思路要进一步拓展。可以将直流网络基础的电压等级，例如 10 kV DC，作为整个网络的基础电压，记为 $V_{\text{B-DC}}$，接在直流网络上的变换器分为三类：① 确定向直流网络送电的，可以认为是运行于电源状态，这些变换器在直流网络端口的运行电压要高于 $V_{\text{B-DC}}$；② 确定从直流网络取电的，可以认为是运行于负荷状态，这些变换器在直流网络端口的运行电压要低于V_{B-DC}；③ 取一个交流无穷大或直流无穷大端口变换器的运行电压为V_{B-DC}设定值，整个系统以这个点即时设定值作为参考值。

上述设定具有的实际意义如下：首先可以尽可能让接入直流配电网的可再生能源发电，如风电和太阳能；其次让非可再生的分布式电源（DG）发电，如储能站和冷热电联供系统（CCHP）；再考虑交直流无穷大母线向直流电网供电；接下来让某一个无穷大电源提供稳定电压；然后是给普通的交直流负荷供电；再让直流网络其他交直流无穷大母线供电；最后是保证可以深度调节储能站的负荷特性。

换句话说，在实际中要尽量提高可再生能源接入网络的端口电压V_{REN}，然后是其他 DG 端口电压V_{DG}，接着是电源型无穷大母线变换器的端口电压V_{G-Inf}，之后是基准电压V_{B-DC}，最后是作为负荷的无穷大端口电压V_{L-Inf}、纯负荷端口电压V_L和储能站端口电压V_{L-St}。这就是直流网络中变换器的端口电压大小设定的顺序。这些电压的设定不仅包括一个幅值，还包括自身的波动裕度，但是无论怎样波动，电源必须对外输电，负荷部分的电压一定要低于基准电压，否则电网功率的正常流向就不能得到保证，那么配电网的运行就不能成立了。虽然这些节点上变换器的运行不知道除了自身之外的其他节点工作电压，但是必须给出一个运行的基本保证。图 2 - 4 给出的是配电网变换器上述电压的幅值设定示意图。

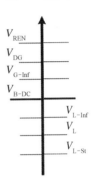

图 2 - 4　直流配电网多变换器端口直流电压设定

作为一个其变换器依赖于"本能"进行调节的直流配电网，显然这个配电网的自主并长时间保持运行是一个动态的过程，因为每个节点电压会随时间波动，这是由每个端口进出的功率波动所致。例如，当某一负荷增大时，为使流入该端口的功率增加，需要降低变换器的端口电压，此时该负荷变换器所接入点的电压会向下波动；当然，相反的情况也会出现。

因此，在一个没有相互协调的多变换器直流配电网系统中，基准电压的维持非常重要，并且这个值必须是几乎恒定的，否则其他变换器的波动会引起系统运行失去持续性。这就是说，基准电压的变换器是一个理想的装置，至少它没有电流大小或容量的限制，即使不完全理想，也只能假设基准电压的波动范围非常小，这样所有的变换器才能够在一个基本确定的状态下工作。

同时，需要定性分析其他无穷大母线的变换器，这类变换器在将来的直流配电网中会大量存在，但是很难确定这类变换器是按照负荷工作还是按照电源工作，因为网络之间的能量交换并不总是确定为一个方向，所以这些变换器的电压和功率的变换会经常发生调整。这就是说，变换器需要对自身端口的需求进行监测，以此判断自身的电源特性或负荷特性，然后调整直流网络端口的电压，控制功率的方向。

综上所述,假设不依赖于潮流、通信和上级调度,多端柔性直流网络各个变流器的工作方式如下:

① 全网定义一个基准电压 V_{B-DC},确定其波动裕度 $\pm\varepsilon_B$。

② 确定为电源型的变换器主要是可再生能源、DG 等,变换器可以检测其输入功率,通过输入功率计算其向直流配电网输出的功率,确定其变换器端口的直流电压,直流电压不低于 $(V_{B-DC}+\varepsilon_B)$。

③ 确定为负荷型的变换器主要是纯负荷,变换器可以检测其输出功率,通过输出功率计算其从直流配电网吸收的功率,确定其变换器端口的直流电压,直流电压不高于 $(V_{B-DC}-\varepsilon_B)$。

④ 其他所有无穷大母线的变换器,首先检测其另一端口功率,确定输入和输出;然后再根据②或③的方法进行。

⑤ 储能站根据自身运行计划,变换器可以确定其当前的运行方式。

(3) 节点的运行:节点的运行研究是探讨一个节点内部的运行问题,如图 2-1 中节点 2、6、7、8,以及下面的二级节点。因为上述的几个节点上并联的变换器的种类不同、容量不同,因此无法直接判断上述节点的类型,所以并联变换器的节点的运行也需要确定类型才能够完备地讨论网络。

合适的方法是将这些节点作为一般性功率节点处理。首先,对于潮流的分析而言,无论并联在同一节点上的变换器是负荷型还是电源型,最终在节点上要反映出功率的流向,是流向配电网还是从配电网吸收,那么从潮流角度就是一个确定的功率。根据功率值和上述分析,最后可以求得一个节点的电压;然后以这个电压运行,每个变换器根据这个电压控制 IGBT 等开关的开度来调节各自的功率。

这些点组成网络以后,它们之间也会有一定的关系,如同级变换器之间的协调等将在下面详细分析。

2) 直流配电网内部的协同调度

上面讨论了没有网级调度的各个变换器运行方式,显然这不是一个优化的运行策略,如果要更好地控制直流配电网,上级调度控制算法必不可少。这里的运行是指整个网络能够长期稳定且波动在给定范围内的运行。

根据电网调度的基本原理,功率的调度主要在于其相关参数。在交流配电网中,这个参数是频率:当整个电网的频率升高时,说明发电功率较大;反之,说明负荷较大。直流配电网的调度应该也需要采用一个相关的参数,显然电压是最合适的。

在直流配电网中的全部变换器仅仅为了满足功率输入输出的要求而不考虑其他目标的调节时,直流配电网应该具有以下的电压变化特性:当全网负荷较小时,全网各节点电压都会上升;反之,全网各节点电压都会下降。

前面已经介绍了每个变换器的“本能”运行方式,此时功率的输入输出由变流器自身测得的流入流出功率确定,但是采用这样的控制方法,肯定会使得各个变换器直流端口的电压"各自为政",网络将进入一个互不联系的混乱状况中。因此,协同调度应该是每一个变换器"本能"运行方式和电网统一管理的结合方式。主要原因为:① 在多端柔性直流配电网络中,变换器的"本能"运行方式是不可避免的,因为对于风力发电、太阳能发电等可再生能源,能量或功率是瞬时变化的,当能量增加或者减少时,变换器本能地按照最大功率点跟踪(MPPT)等方式,希望跟踪能量的变化,也就是说这个电源的控制算法没有惯性,因此这种运行方式不能避免;② 负荷的变化是不能控制的和即时发生的,也就是说,负荷要求的能量也应该即时得到满足;③ 当前储能技术多采用电池,这种储能站并不能按照需要随时进行调节,至少不能快速地来回切换充放电,那样会大大降低电池的使用寿命,目前的储能站的主要工作还是以大局的峰谷调节为主,储能站在具有负荷预测的系统中,其功率运行随时间变化的曲线与负荷曲线趋势相反,是一条相对确定的计划性曲线;④ 上述①和②的运行时间尺度很小,应该在几毫秒内完成,几乎是瞬时性的调节,采用含有通信的协同调度则需要数据通信,加上主控系统的计算时间、计算结果通信返回时间、变换器的控制响应时间,总时间则接近秒级。

综上所述,协同控制算法基于变换器自身控制和调度要求,控制的参数包括电压和功率。定性分析方法如下:

(1)可再生能源类的变换器控制采取其自身的"本能"控制,功率采用 MPPT 计算并尽可能输出到直流配电网中,采用其测得的实际功率 P_{ren} 调节变换器的直流端口电压 V_{ren},直到能够保证这部分功率完全输出到网络,但是要求电压小于设定的最大值,即 $V_{\text{ren}} \leqslant V_{\text{Max}}$,$V_{\text{Max}}$ 由变换器的限值和直流网络的电压限值共同决定。即:已知功率求直流电压。

(2)直流负荷类变换器控制同上,以满足功率需求为主,采用其测得的实际功率 P_{L} 调节变换器的直流端口电压 V_{L},直到能够保证这部分功率需求,但是要求电压大于设定的最小值,即 $V_{\text{L}} \geqslant V_{\text{Min}}$,$V_{\text{Min}}$ 由变换器的限值和直流网络的电压限值共同决定。即:已知功率求直流电压。

(3)为维持配电网直流电压稳定的无穷大母线节点以电压为控制量,当电压 V_{B} 波动时,调整变流器的功率 P_{B},使其变换器直流端口的电压波动稳定在 $(V_{\text{B-DC}} - \varepsilon_{\text{B}}, V_{\text{B-DC}} + \varepsilon_{\text{B}})$ 区间内。即:已知电压范围求调节功率。

(4)对于所有可以接受调度的 DG,利用变换器对 DG 进行控制,使其以调度给定的功率 $P_{\text{C-DG}}$ 工作,根据工作的功率调整变换器直流端口电压。即:通过调度(潮流)求出需要的功率,然后求端口电压。因为可以受调度的支配,所以这部分电源的控制时间尺度可以认为与调度时间尺度相同。

(5)所有的其他非储能站,变换器的控制根据自身的输入输出功率 P_{general} 调整其变换器直流端口电压 V_{general}。即：已知功率求端口电压。

（6）储能站变换器控制根据调度给定的负荷预测曲线，要求储能站输入或输出确定的功率 P_{st}，根据功率调整变换器直流端口电压 V_{st}。即：已知功率求端口电压。因为可以受调度的支配，所以这部分电源的控制时间尺度可以认为与调度时间尺度相同。

（7）除无穷大母线外，其他所有母线的变换器都会接收调度给定的端口直流电压作为控制的外环目标，形成一个闭环反馈控制，所有功率可调整的节点变流器不断调整自身的交换功率。这个控制外环是因为一般来说，一个节点上不是只有一个变换器，在多个变换器并联的情况下，通过协同控制建立各个电压合理的关系式是必须的。

（8）上述最终确定的全部的直流电压必须在 $(V_{\text{Min}}, V_{\text{Max}})$ 区间内。

综上所述，可以考虑设计出各个变换器的控制框图，图 2-5（a）为无穷大母线的控制框图，图 2-5（b）为其他变换器的控制框图。第一类变换器显然运行于自主状态，它是无需调度系统即可工作的，是运行在"本能"状态的变换器，即理想变换器。另外，针对不同的第二类变换器，控制算法有所不同，例如除了可调控功率的 DG 或电源外，其他类型的节点没有可供参考调整的功率项，应该针对每种控制分别设计出其控制框图。此外，参考电压是一个长时间尺度的变化量，在变换器的每个计算、控制周期中，它不会经常变化，但是它的存在是调度过程中必须考虑的参数。

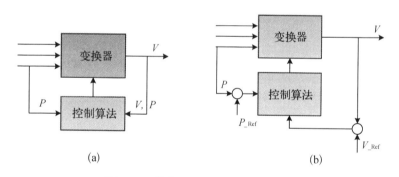

图 2-5 节点变换器控制的一般法则

（a）无穷大母线变换器控制；（b）其他节点变换器控制

3）直流配电网系统控制的定性分析

以上内容讨论了直流配电网的控制方法，现对如图 2-1 所示的直流配电网的控制组合进行详细分解。首先，按照上述讨论的节点类型分析图 2-1 的所有节点。

（1）节点分类：可再生能源节点为 14、16、18、19。DG 节点为 9。无穷大母线节点为 1。负荷节点为 2、4、9、10、12。常规节点为 3、5、6、7、8、11、13、14、15、17。储能站节点为 20。

（2）节点变流器建模：前面论述了表 2-4 几乎包括了各类研究问题，因此节点变流器的模型按照表 2-4 进行，变流器控制策略按照本节所分类的控制方法设计。在表 2-4 变换器控制算法中对控制策略进行改进，重点关注功率-电压的控制关系和策略。图 2-6 给出了一个改进的电压功率关系曲线示意图，这个图简化了电力电子的内容，它说明了直流端口电压变化过程和波动，可以作为工作的参考方法。

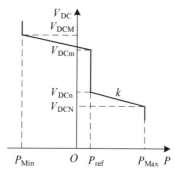

图 2-6　改进的电压功率
关系曲线

可以将图 2-1 直流配电网所有的节点的对象、输入输出、控制进行设定，这样就获得了电力电子开关的变换器模型目标，以节点 1、节点 2 为例进行说明，如表 2-5 和表 2-6 所示。将上述变换器模型表组合起来构成图 2-1 的网络，就可以进一步研究含有电力电子开关模型的问题。

表 2-5　直流配电网的节点模型——节点 1

母　　线	B1	
一级变换器	C4/MMC	多电平
末端连接	$V\angle 0°$	交流系统
节点类型	∞	无穷大母线
已　　知	$V_{B\text{-}DC}$	基准电压
待　　求	P_B	可向配电网输入的功率，目标是支持基准电压

节点 1 作为无穷大节点，同时在本研究系统中可以作为平衡节点。因此，已知电压，并且为系统电压，待求输出功率。

表 2-6　直流配电网的节点模型——节点 2

母　　线	B2			
一级变换器	C4/MMC	多电平	C11	直流变压器
末端连接	$V\angle 0°$	交流系统	V_{DC}	直流系统
节点类型	General	一般性节点	L	负荷节点

（续表）

母　　线	B2			
已　　知	$P_{2(1)}$, $V_{2\mathrm{Ref}}$	功率,目标电压	$P_{2(2)}$, $V_{2\mathrm{Ref}}$	功率,目标电压
待　　求	$V_{2(1)}$	变流器端口电压	$V_{2(1)}$	变流器端口电压
二级变流器	C1	全桥变换器	C3	交流全桥变换器
末端连接	L1	直流负载	L2	交流负载
节点类型	L	负荷节点	L	负荷节点
已　　知	$P'_{2(1)}$	功率	$P'_{2(2)}$	功率
待　　求	$V'_{2(1)}$	变流器端口电压	$V'_{2(2)}$	变流器端口电压

表 2-6 中下标为节点编号,括号内为变流器编号,上边的撇号为二级变流器。节点 2 有 2 个一级变换器,分别是 C4/MMC 多电平变换器和 C11 直流变压器变换器,C4/MMC 连接交流系统,C11 连接直流负荷,它们在配电网层连接于同一节点,因此具有同一直流母线电压 $V_{2(1)}$。由于负荷节点和一般性节点都已知功率,即 $P_{2(1)}$ 和 $P_{2(2)}$ 为已知,假设给定 $V_{2\mathrm{Ref}}$,可以分别求得变流器端口电压 $V_{2(1)-1}$ 和 $V_{2(1)-2}$。由于在同一节点上,满足 $V_{2(1)-1}=V_{2(1)-2}=V_{2(1)}$,通过迭代功率和电压,最终确定两个变流器的统一电压。上述的描述可由以下两个算法实现：① 在节点 2 的 2 个变换器具有可调下垂特性的情况下,可以根据功率输出的确定性,得到并联运行的变换器运行情况,在这个运行点上它们有共同的电压,且可以保证功率不变。② 假设 2 个变换器下垂特性是不变的,那么根据节点共同电压约束,可以调整 2 个变换器的功率,使之最终运行于另外的 2 个功率平衡点,这将导致节点功率的变动,此时需要再回去求解变换器端口电压,然后迭代计算直至满足条件。当节点 2 在二级节点分离后,各有一个变换器：C1 全桥变换器和交流全桥变换器,因为已知功率,所以对于二级变流器来说,等于是已知功率求独立变流器端口电压的问题。

2.2　变流器控制方法分类

多端直流配电系统的底层控制策略的一个重要内容是电压协同。根据电路基本原理可知,最简单的电压协同方法就是令所有变流器均采用恒功率控制或均采用恒电压控制,使网络各点电压和功率确定。但是,这种方法无法使整个配电网维持一个标准稳定的电压,所以只能用于某些特定情况。

2.2.1　恒参量控制

恒功率控制和恒电压控制的控制特性曲线如图 2-7 所示。变流器采用恒功率控制时,无论变流器端电压如何变化,其功率始终恒定,该控制方法能保证变流器稳定地向电网提供或者吸收功率,通常用于对需要重点保障的负荷的变流器控制;变流器采用恒电压控制时,变流器始终保证其端电压恒定,不考虑其功率状况,该控制方法能保证其接入母线的电压稳定,通常用于平衡节点变流器控制。

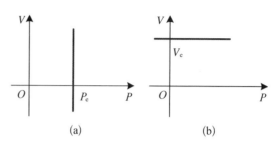

图 2-7　变流器恒功率控制和恒电压控制特性

(a) 恒功率控制;(b) 恒电压控制

注:P_e 为恒功率控制的输入/输出功率,V_e 为恒电压控制的变流器端口电压。

因此,对直流配电网进行协调控制时,需要采用其他更为有效的控制方法,下面介绍主从控制和下垂控制。

2.2.2　主从控制

1) 传统主从控制策略

主从控制方式是指直流配电系统中所有与上级交流系统连接的变流器中,有且只有一个作为主变流器,采用恒定直流电压运行方式,而其他变流器作为从变流器,既可工作于开环控制方式,也可工作于恒定直流电流或恒定直流功率方式。

采用主从控制方法的直流配电系统必须由上层控制器进行整定值协调,即由上层控制器采集到各变流器的电流或功率,并将这些数值的代数和按一定的比例分配到各变流器,同时提供给各变流器作为运行设定值。分配比例一般由系统中各变流器容量、系统运行约束条件等因素决定。采用主从控制方法的直流配电系统,其电压调节性能和负荷分配特性都具有良好的刚性。采用该运行方式的直流配电系统,其上层控制器必须包含用于定值协调的模块,并具备良好的通信能力。

2) 内外环配合的主从控制策略

当直流配电网底层采用主从控制时,需要按照网络拓扑结构(包括交流断路器、直流断路器及变流器状态)划分不同的运行方式,在电源、负荷种类繁多,以及配电网线路错综复杂的情况下,典型运行方式划分的类型较多。因此,对于多端复杂的直流配电网来说,主从控制仍存在不够灵活的缺陷。为了克服这个缺陷,常用的解决方法是基于内外环配合的模式切换控制策略。

在内外环配合的模式切换控制策略中,主变流器和从变流器的电压控制器设计如图 2-8 所示。

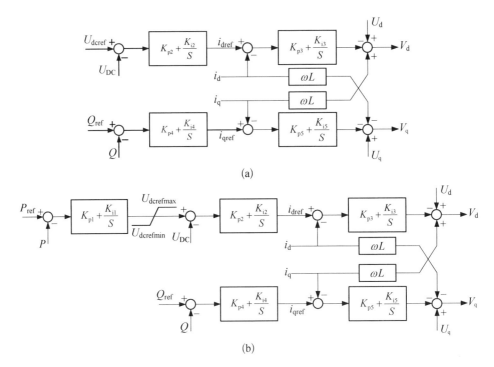

图 2－8　模式切换控制策略中的电压控制器

（a）主变流器的电压控制器；（b）从变流器的电压控制器

主变流器的外环控制器根据电压和无功功率参考值,计算内环电流参考值,通过解耦控制,得到控制指令。主变流器根据直流配电系统给定的电压,作为平衡节点控制系统的直流电压,为整个直流配电网提供电压参考值,并在需要时向交流侧提供无功支援。

从变流器采用一种新型的功率-电压-电流控制器,依次由功率环、电压环和电流环组成,其中电压环和电流环可看作带有电压限幅的主变流器控制,用于控制从变流器的直流电压。直流电压的上下限与变流器功率的调节能力相关,电压允许变化的范围越大,可调节的功率范围也就越大;在从变流器电压变化范围一定的情况下,亦可通过改变主变流器定电压的参考值(即改变从变流器电压调节的相对值)来达到改变功率调节范围的目的。而功率环则属于直流配电网网络级别的控制,用于分配配电网能量。功率环接收到功率参考值后,变流器将根据功率参考值调节直流侧电压,改变变流器注入配电网的功率。

内外环配合的模式切换控制策略能够有效解决直流配电系统中因运行方式切换而造成的复杂的变流器工作模式切换问题,抑制了线路过流的产生,简化了直流配电网的控制,降低了系统通信的成本,真正实现了控制模式的无缝切换。

应该指出,对于一个复杂的柔性直流配电网,由于主从控制方式并不是一种自主的方式,需要复杂的控制结构以及较高的通信成本,因此主从控制从这个角度来说并不适用。

2.3　功率-电压下垂控制策略

2.3.1　下垂控制的定义

功率-电压下垂控制也称为带功率-电压下垂特性的控制方式,即控制变流器的端电压随功率的变化呈现下垂特性的一种控制方法。电压升高时,变流器输出的功率相应地减少;电压降低时,变流器输出的功率相应地增加。这是一种有差调节方式,如图 2-9 所示。

图中,换流站直流功率与直流电压之间的关系如下:

$$P_{DC\_pu} = P_{ref\_pu} + k_d(V_{ref\_pu} - V_{DC\_pu})$$

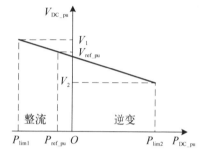

$$(2-4)$$

图 2-9　下垂控制曲线

式中: P_{DC_pu} 为换流站实际直流功率(整流方向为功率正方向); k_d 为下垂系数; V_{ref_pu}、P_{ref_pu} 为换流站的直流电压和直流功率的参考值; V_{DC_pu} 为换流器端口直流电压实测值; P_{lim1}、P_{lim2} 为功率限值; V_1、V_2 为电压限值。

采用功率-电压下垂控制方式,系统稳定运行时不需要上层调度中心进行整定值协调,暂时失去通信也不影响系统运行,并且系统扩展灵活。虽然下垂控制方式具有电压稳态值与额定值之间存在偏差,以及单个变流器无法实现恒功率控制的缺陷,但在合理的范围内,对系统电压质量和功率仍然具有良好的控制效果。在多端柔性直流配电网中,下垂控制方式可以灵活地并网、离网和分网运行,对系统拓扑结构的变化具有很强的抗干扰能力,并且下垂控制方法具有较强的可移植性,很好地适应了多端柔性直流配电网的特点。因此,一般选择功率-电压下垂控制方式作为底层变流器的主要控制策略。

为了实现一定电压小范围内的功率无差调节,往往会将恒功率控制融入下垂特性曲线中,以维持恒功率运行状态,称为带死区的下垂控制。这种带死区的下垂控制可以在一定程度上弥补传统下垂控制的缺点。图 2-10 为下垂控制的功率-电压特性曲线,其中实线部分为常规下垂控制,虚线部分为带死区的下垂控制。

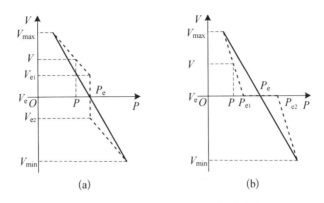

图 2 - 10　变流器下垂控制电压与功率特性

(a) 电压死区型;(b) 功率死区型

以 AC - DC 变流器为例,当采用常规下垂控制时:直流侧电压下降则变流器向直流侧传递的功率会上升,从而抑制电压的进一步下降;直流侧电压上升则变流器向直流侧传递的功率会下降,从而抑制电压的进一步上升。由此可知:各个变流器的功率-电压特性曲线构成了一个稳定的负反馈系统,具有很强的稳定性,其本质是一个比例式控制器,缺陷在于无法实现无差调节。

当采用带死区的下垂控制时,死区内变流器可以实现无差调节,实现了一定电压小范围内的功率无差调节,在一定程度上改良了常规下垂控制的特性,缺陷在于死区附近有可能出现振荡。

下垂控制特性曲线中变流器端电压变化量与功率变化量的比为下垂段的斜率。图 2 - 10(a)中,带死区的下垂控制特性曲线的上段下垂段斜率 k 为

$$k = -\frac{V - V_{e1}}{P - P_e} \tag{2-5}$$

式中:V 为特性曲线上段的某一运行点端电压;V_{e1} 为上段临界电压;P 为特性曲线上段的某一运行点功率;P_e 为上段额定功率。

由式(2 - 5)可以推导出在某一端口电压下,变流器的输出功率为

$$P = P_e - \frac{1}{k}(V - V_{e1}) \tag{2-6}$$

由式(2 - 6)可以看出:k 越大,变流器输出功率受端电压的影响越小,即变流器功率受直流配电网波动的影响较小;反之,k 越小,变流器功率受直流配电网波动的影响越大。

通过式(2 - 5)推导出在某一特定功率下,变流器端电压为

$$V = V_{e1} - k(P - P_e) \tag{2-7}$$

由式(2-7)可以看出：k 越大，变流器对直流配电网电压的支撑作用越弱；反之，k 越小，变流器对直流配电网电压的支撑作用越强。

分析式(2-6)和式(2-7)可得：当 $k=0$ 时，$V=V_e$；当 $k=+\infty$ 时，$P=P_{e1}$。因此，可以将恒功率控制与恒电压控制看作是功率-电压下垂控制的两个特例。

配合柔性直流配电网络中平衡节点的运行需要，将带死区的下垂控制进一步与平衡节点的恒功率控制结合。图 2-11 为分段下垂控制的功率-电压特性曲线。在图 2-11 中，规定变流器向直流配电网提供功率为正功率，从直流配电网吸收功率为负功率。

采用图 2-11 中第一象限的下垂特性曲线来设计电源节点的变流器控制。普通电源输出功率是有界的且无法从电网吸收功率，因此其下垂控制包含功率的上下极限。在 hi 段，电源的输出功率达到最大值，保持恒功率运行；在 ef 段和 gh 段按普通下垂控制特性运

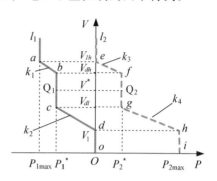

图 2-11　变流器分段下垂控制电压与功率特性

注：* 号代表功率参考值的测量点，Q_1、Q_2 代表测量点上 P_1、P_2 的值。

行，其斜率即端电压随功率变化的快慢可以视实际情况而自由设置，也可以将两段下垂段设置为不同的斜率，gh 段电压较低时斜率可以大一些；端电压过高时，输出功率减小为 0，变流器与直流配电网脱离。

采用图 2-11 中第二象限的下垂特性曲线来设计负荷节点变流器控制。在 od 段，电压过低，变流器脱离直流配电网；bc 段为恒功率段，其功率可以设为额定功率；ab 和 cd 段为电压下垂控制段，其斜率(端电压)随功率变化的快慢可以自由设置，cd 段电压较低时斜率可以大一些；当电压过高，变流器功率达到功率限值时，变流器控制再次变为恒功率控制。

2.3.2　典型下垂特性的控制框图

当节点的变流器采用下垂控制时，简化模型内的下垂控制框图如图 2-12 所示。其中，$P(k)$ 为 k 时刻的变流器功率，$V(k)$ 和 $V(k+1)$ 分别为 k 时刻和 $k+1$ 时刻的变流器端电压，V_{e1} 为下垂段临界电压，P_e 为下垂段额定功率，s 是变换参数。

采用下垂控制的变流器理想功率如式(2-6)所示。所以，k 时刻

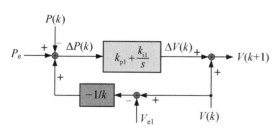

图 2-12　变流器下垂控制框图

理想功率和实际功率的差为

$$\Delta P(k) = P_e - \frac{1}{k}[V(k) - V_{e1}] - P(k) \tag{2-8}$$

$\Delta P(k)$ 经比例积分(PI)调节可得到理想电压和实际电压的差 $\Delta V(k)$ 为

$$\Delta V(k) = \Delta P(k)\left(k_{p1} + \frac{k_{i1}}{s}\right) \tag{2-9}$$

将 $\Delta V(k)$ 修正到 k 时刻变流器的端电压 $V(k)$ 上，即可得到理想电压 $V(k+1)$ 为

$$V(k+1) = V(k) + \Delta V(k) \tag{2-10}$$

$V(k+1)$ 即被设为下一时刻变流器希望达到的端电压目标值。

综合式(2-8)、式(2-9)和式(2-10)，可得到下垂控制的简化建模公式为

$$V(k+1) = V(k) + \left\{P_e - \frac{1}{k}[V(k) - V_{e1}] - P(k)\right\}\left(k_{p1} + \frac{k_{i1}}{s}\right) \tag{2-11}$$

2.5节将搭建简化模型，其中添加式(2-11)即可得到采用下垂控制的各类电气设备的简化模型。

当仿真运行时，采用下垂控制的变流器简化模型寻找理想运行点的过程，实际上也是变流器通过控制模块使其两侧功率达到平衡的过程。

如图2-13所示，P_1 表示电源节点或负荷节点实际向变流器传输的功率，以此为基准设定变流器控制中的额定功率。额定功率可以是负荷节点的额定吸收功率，也可以是电源节点的额定输出功率，储能装置的额定吸收/输出功率可以由实时的系统潮流计算得到；另外，在添加了平移功能的下垂特性控制中，该值可以是经过潮流计算程序得到的无差功率修正值。P_2 为变流器实际向配电网传输的功率，V 为变流器在配电网侧的端电压。

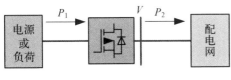

图2-13 变流器功率控制模块

仿真初始时刻，变流器两侧存在功率差，两侧的功率分别为 P_2 和 P_1。

当 P_2 小于 P_1 时，变流器实际向配电网输出功率小于其从电源节点吸收的功率或变流器实际从配电网吸收的功率小于其向负荷节点提供的功率，下垂控制寻找理想运行点的过程中实际增大了 P_2；当 P_2 大于 P_1 时，变流器实际向配电网输出功率大于其从电源节点吸收的功率或变流器实际从配电网吸收的功率大于其向负荷节点提供的功率，下垂控制寻找理想运行点的过程中实际减小了 P_2；当 P_2 等于 P_1 时，变流器达到稳定运行状态点，下垂控制也同时找到了理想运行点。变流

器通过控制模块使其两侧功率达到平衡的过程与下垂控制寻找理想运行点的过程是通过同一个模型仿真得到的结果。

2.4　直流配电网节点运行特性

2.4.1　节点变流器的运行点

在直流配电网内部,由于只存在直流分量,各节点对配电网输出或消耗的功率是由该节点电压,以及与该节点相邻各节点电压及线路电阻决定的。如图 2 - 14 所示,对于接入直流配电网络的 i 节点,V_i 表示 i 节点的电压,V_1、V_2 直至 V_n 表示与 i 节点相邻节点的电压,R_{i1}、R_{i2} 直至 R_{in} 表示 i 节点与相邻各节点之间的线路电阻。由电路基本原理可知,i 节点的输出功率 P_i 为

$$P_i = V_i \sum_{j=1}^{n} \frac{V_i - V_j}{R_{ij}} \tag{2-12}$$

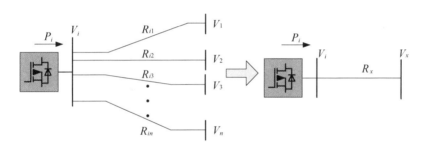

图 2 - 14　直流配电网的 i 节点

为了简化计算,可以将与 i 节点相邻的各节点等效为节点 x,该节点电压为 V_x,该节点与 i 节点间的线路电阻为 R_x。因此,节点 i 输出功率 P_i 按下式计算:

$$P_i = V_i \frac{V_i - V_x}{R_x} = \frac{(V_i - 0.5V_x)^2 - 0.25V_x^2}{R_x} \tag{2-13}$$

由式(2-13)可知,节点 i 输出功率与节点电压的关系如图 2 - 15(a)所示,图中 V_e 表示基准电压,ΔV 表示允许的最大电压波动。为保证直流配电网的正常运行,必须规定各节点电压保持在基准电压允许的最大偏差范围内,因此可得到 i 节点电压的有效范围如图 2 - 15(b)所示。假定配电网足够强大且参数不发生改变,则 i 节点始终运行在图 2 - 15(b)所示的功率-电压特性曲线上。由于节点的运行特性仅仅取决于网络的拓扑,其与变流器的内部控制特性关系不大,因此可以将节点特性视为变流器的外特性。

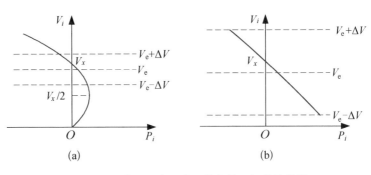

图 2 - 15　直流配电网中 i 节点的运行特性曲线

(a) 节点 i 的全部运行特性;(b) 节点 i 的允许运行特性

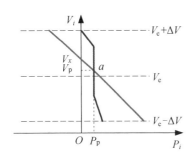

图 2 - 16　柔性直流配电网中 i 节点变流器的运行点

节点 i 的变流器采用恒功率控制/恒电压控制、主从控制/下垂控制时,自身的功率-电压特性曲线如图 2 - 7 和图 2 - 9 所示。同时,该变流器与节点 i 共享图 2 - 15 所示的节点功率-电压运行特性曲线。这两条曲线共同决定了变流器当前运行状态。假设变流器采用下垂控制,变流器达到稳定运行点后,其运行状态如图 2 - 16 所示,图中两条功率-电压特性曲线的交点 a 为变流器的运行状态点,其对应的端电压 V_p 为变流器的实际端电压,对应的功率 P_p 为变流器实际功率。

2.4.2　功率-电压下垂特性的平移

前述的网络节点运行特性即外特性在不同运行方式下会有所变化,从式(2 - 13)可知,外特性的变化可能会形成一组直线簇;而变流器的控制特性也同样可以通过调节使之变化,变化的结果将形成另一组直线簇,如图 2 - 17 所示。

在图 2 - 17(a)中,l 是某网络状态下变流器所控制的节点运行特性,与下垂控制特性相交于 a 点,即变流器经改进型下垂控制达到稳定后的实际运行状态点。但节点运行特性即网络状态不是恒定不变的,配电网发生扰动或者配电系统的运行状况发生变化时,节点运行特性将会平移,如图 2 - 17(a)中的 l_1、l_2,继而导致稳定运行点发生改变。此时,改进型下垂控制对功率的调节是有差调节。

如果变流器运行参数不变,即下垂控制特性曲线不改变,运行点可能会出现在下垂特性死区附近,如图 2 - 17(a)的 c 点,系统因此可能会发生持续振荡,并且实际运行点可能会偏离恒功率控制范围,违背了在下垂控制中添加恒功率控制死区的初衷。

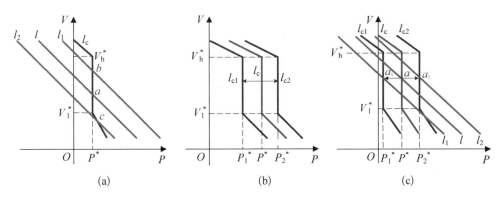

图 2 - 17　变流器功率-电压下垂特性曲线的平移

(a) 外特性变化；(b) 下垂特性平移；(c) 下垂特性平移时的外特性变化

此时,通过控制增加或减小变流器的功率输入或输出,则相当于平移了下垂控制特性曲线,平移下垂控制曲线的意义在于可以实现功率无差调节,如图 2 - 17(b) 所示,其定功率段的功率可以由系统的上层潮流计算结果得到,这也意味着下垂特性的调整信息来自调度侧,而不是变流器本身所能解决的。

平移后的稳态运行点如图 2 - 17(c) 所示,当系统潮流分布发生改变,若变流器所控制节点处功率参考值变小,外特性变为 l_1,将恒功率线向左平移,经过 l_{c1} 下垂特性控制,稳定运行点位于 l_{c1} 恒功率段的 a_1 点;若变流器所控制节点处功率参考值变大,外特性变为 l_2,将恒功率线向右平移,经过 l_{c2} 下垂特性控制,稳定运行点位于 l_{c2} 恒功率段的 a_2 点。

可以看出,下垂特性经过平移调节所得到的运行点与实际潮流计算结果一致,处于恒功率段内可以实现对功率的无差调节且稳定性得到提升。通过实时的潮流计算结果修正下垂特性,决定下垂特性的平移过程,实现了对节点功率的无差调节,更有利于配电网的稳定。

2.4.3　节点多变流器的相互作用

1) 多源或多荷并联运行

对于柔性直流配电网中的电源或者负荷节点,多变流器可能并联运行于同一母线,并且不同变流器根据所接源、荷的特点,所具有的下垂特性一般也不相同,因此对于这样的多源/多荷并联母线,将具有多种可能的运行状态。由于多源并联运行的方式和多荷并联运行的方式比较类似,仅是功率方向不同,这里仅对两个电源并联运行的情况进行分析。

图 2 - 18(a) 为两个电源分别通过两个变流器 a 和 b 一起并联于同一母线 BUS_i 上的情况。其中: V_{ia} 和 V_{ib} 分别为两个变流器直流配电网侧的出口电压, P_{ia}

和 P_{ib} 分别为两个变流器的输出功率,P_{amax} 和 P_{bmax} 分别为两个变流器的输出功率限值,V_{imax} 为母线 i 的电压限值,$V_1 \sim V_8$ 为两条下垂特性曲线的转折点数值。下垂特性关系如图 2-18(b)所示。

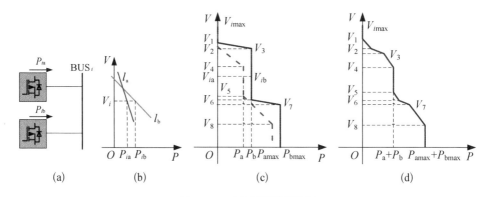

图 2-18 两电源并联运行

(a) 接线图;(b) 变流器下垂特性关系;(c) 节点下垂特点;(d) 节点综合下垂特性

从图 2-18 可以看出,两个变流器并联运行时,节点 i 的电压 $V_i = V_{ia} = V_{ib}$,注入节点 i 的功率为 $P_i = P_{ia} + P_{ib}$。 对于图 2-18(c)中的两个电源并联运行情况,设变流器 a、b 的下垂特性斜率分别为 k_a、k_b,功率的设定值分别为 P_a、P_b,则节点 i 具有如下式所示的电压-功率关系:

$$P_i = \begin{cases} P_{amax} + P_{bmax}, & 0 \leqslant V_i < V_8 \\[2mm] P_a + \dfrac{V_i - V_5}{k_a} + P_{bmax}, & V_8 \leqslant V_i < V_7 \\[2mm] P_a + \dfrac{V_i - V_5}{k_a} + P_b + \dfrac{V_i - V_6}{k_b}, & V_7 \leqslant V_i < V_6 \\[2mm] P_a + \dfrac{V_i - V_5}{k_a} + P_b, & V_6 \leqslant V_i < V_5 \\[2mm] P_a + P_b, & V_5 \leqslant V_i < V_4 \\[2mm] \dfrac{V_i - V_2}{k_a} + P_b, & V_4 \leqslant V_i < V_3 \\[2mm] \dfrac{V_i - V_2}{k_a} + \dfrac{V_i - V_1}{k_b}, & V_3 \leqslant V_i < V_2 \\[2mm] \dfrac{V_i - V_1}{k_b}, & V_2 \leqslant V_i < V_1 \\[2mm] 0, & V_1 \leqslant V_i < V_{imax} \end{cases} \qquad (2-14)$$

因此,可以得到节点 i 的综合下垂特性曲线,如图 2-18(d) 所示。对于上述的两个电源并联运行,在一般情况下,并联多个变流器的母线应该运行于额定功率,即所有变流器均运行于下垂特性的死区段,满足 $V_5 \leqslant V_{ia} = V_{ib} \leqslant V_4$,然而由于直流配电网络功率-电压特性的约束,变流器也可能运行于下垂特性的其他区段。对于两个电源并联运行于同一条母线的情况,基于不同下垂特性参数,可以得到 13 种两个变流器并联运行的情况,如图 2-19 所示。

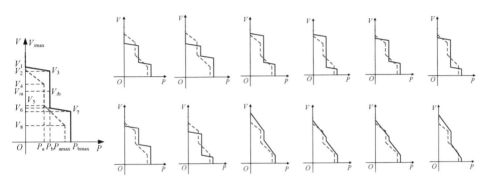

图 2-19　两个变流器并联运行 13 种情况

2) 源荷混合并联运行

与前面分析相似,电源和负荷并联运行于同一条母线 i 的情况如图 2-20(a) 所示。其中 a、b 分别对应负荷和电源的变流器,V_{ia} 和 V_{ib} 分别为两个变流器直流配电网侧的出口电压,P_{ia} 和 P_{ib} 分别为两个变流器的输出功率,P_{amax} 和 P_{bmax} 分别为两个变流器的输出功率值,V_{imax} 为母线 i 的电压限值,$V_1 \sim V_8$ 为两条下垂特性曲线的转折点。与两电源并联运行于同一条母线不同的是,电源变流器输入功率到

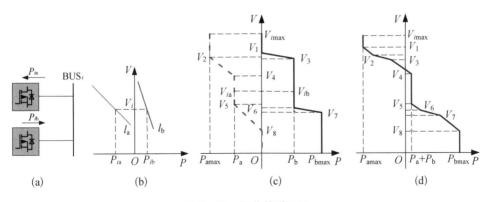

图 2-20　源荷并联运行

(a) 接线图;(b) 变流器下垂特性关系;(c) 节点下垂特点;(d) 节点综合下垂特性

母线上,而负荷变流器从母线上吸收功率,即 $P_{ia} < 0$、$P_{ib} > 0$,并且节点 i 的电压 $V_i = V_{ia} = V_{ib}$,输入到节点 i 的功率为 $P_i = P_{ia} + P_{ib}$。两个变流器下垂特性关系如图 2-20(b)所示。对于如图 2-20(c)所示的源荷混合并联的情况,同两个电源并联运行的情况类似,有可以得到如下式所示的功率-电压关系:

$$P_i = \begin{cases} P_{bmax}, & 0 \leqslant V_i < V_8 \\ P_a + \dfrac{V_i - V_5}{k_a} + P_{bmax}, & V_8 \leqslant V_i < V_7 \\ P_a + \dfrac{V_i - V_5}{k_a} + P_b + \dfrac{V_i - V_6}{k_b}, & V_7 \leqslant V_i < V_6 \\ P_a + \dfrac{V_i - V_5}{k_a} + P_b, & V_6 \leqslant V_i < V_5 \\ P_a + P_b, & V_5 \leqslant V_i < V_4 \\ P_{amax} + \dfrac{V_i - V_2}{k_a} + P_b, & V_4 \leqslant V_i < V_3 \\ P_{amax} + \dfrac{V_i - V_2}{k_a} + \dfrac{V_i - V_1}{k_b}, & V_3 \leqslant V_i < V_2 \\ P_{amax} + \dfrac{V_i - V_1}{k_b}, & V_2 \leqslant V_i < V_1 \\ P_{amax}, & V_1 \leqslant V_i < V_{imax} \end{cases} \qquad (2-15)$$

节点 i 的综合下垂特性曲线如图 2-20(d)所示,其中:变流器 a、b 的下垂特性斜率分别为 k_a、k_b,功率的设定值分别为 P_a、P_b。对于如图 2-20 中所示的源荷并联运行于同一条母线,与两个电源并联运行类似,其下垂特性同样有 13 种可能的运行情况,这里不进行赘述。

2.4.4　功率-电压下垂特性的参数调节

柔性直流配电网中的一条母线可能并联运行多个具有不同下垂特性的变流器,其电压-功率特性为具有多分段的下垂特性函数,在并入直流配电网后,其运行点可能位于多个区段内。以带电压死区的五段下垂特性为例分析下垂控制对功率的调节,如图 2-21 所示,其中:V_N 为节点 i 的额定电压;V_L 和 V_H 为节点 i 正常运行电压的下限和上限,若电压波动的允许范围为 3%,则 $V_L = 0.97V_N$,$V_H = 1.03V_N$;V_{DL} 和 V_{DH} 为节点 i 下垂特性电压死区的下限和上限,若死区范围为 2%,则 $V_{DL} = 0.98V_N$,$V_{DH} = 1.02V_N$;V_{max} 和 P_{max} 为节点 i 的电压上限和功率上限;P_N、P_{N1} 和 P_{N2} 为变流器下垂特性进行二次调节前后的功率设定值。

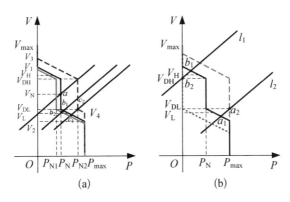

图 2-21　基于下垂特性控制的变流器二次调节特性

(a) 下垂特性二次调节; (b) 二次调节范围

配电网发生扰动或者配电系统的运行状况发生变化时,节点运行特性将会平移,继而导致稳定运行点发生改变,相应的通过平移节点的下垂特性,可以缓解节点的功率和电压波动,即节点下垂特性的二次调节。在图 2-21(a) 中,黑色曲线为节点 i 的下垂特性曲线,节点的初始运行点为 a,当配电网发生的扰动较小时,节点 i 的运行点变为 b_1,此时节点 i 的运行电压已经超出死区,然而依旧在正常的运行电压范围内,满足 $V_L < V_i < V_{DL}$。b_1 运行点的功率和功率设定值 P_N 有一定的偏差,因此为了在一定程度上减小甚至消除功率偏差,需要对该下垂特性进行功率二次调节。二次调节后的节点下垂特性如图 2-21(a) 中最内侧的灰色实线所示。通过功率二次调节,运行点由 b_1 变为 b_2,功率偏差得到缓解。设定功率偏差调节量为 δ_{P_1},节点 i 下垂特性斜率为 k_1,节点 i 网络特性局部斜率为 k_2,则节点 i 的下垂特性功率设定值平移量 ΔP_1 为

$$\Delta P_1 = \delta_P - \frac{\delta_{P_1} k_2}{k_1} \tag{2-16}$$

当配电网发生的扰动较大时,节点 i 的运行点变为 c_1,此时运行点超出节点的正常运行范围,有 $V_i < V_L$,因此需要对节点的运行状态进行电压二次调节。二次调节后的节点下垂特性曲线如图 2-21(a) 中最外侧的虚线所示,通过二次调节,节点 i 的运行点由 c_1 变为 c_2,处于正常电压范围。设定电压偏差的调节量为 δ_V,则节点 i 的下垂特性功率设定值平移量 ΔP_2 为

$$\Delta P_2 = \delta_V \left(\frac{1}{k_2} - \frac{1}{k_1} \right) \tag{2-17}$$

显然通过变流器的下垂特性二次调节,可以缓解电压偏差,实现节点的优化运行。但是,变流器的二次调节能力受到节点的最大功率限制。变流器二次调节范

围如图 2-21(b)所示。其中 l_1 和 l_2 分别为下垂特性二次调节的下限和上限,当直流配电网的扰动超出 l_1 和 l_2 的范围后,将无法进一步通过下垂特性的二次平移调节缓解电压偏差。

针对某些功率控制要求较高的节点,还可以考虑进一步进行下垂特性斜率的调节,以减小功率偏差。节点 i 下垂斜率调节(三次调节)的过程如图 2-22 所示。

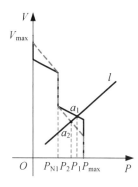

图 2-22 中实线和虚线分别为三次调节前后的下垂控制曲线。通过下垂特性斜率的调节,节点变流器的运行点由 a_1 变为 a_2,其运行功率由 P_1 变为 P_2,功率偏差变小。因此可以看到,通过下垂特性的三次调节,直流配电网中节点的功率偏差可以得到缓解。设定功率偏差调节量为 δ_{P2},节点三次调节前的下垂斜率以及网络特性局部斜率定义与二次调节中相同,则节点 i 三次调节下垂斜率的调节量 Δk 为

图 2-22 下垂特性三次调节

$$\Delta k = \frac{k_1(P_{N1}-P_1)-k_2\delta_{P2}}{P_{N1}-P_1-\delta_{P2}} \qquad (2-18)$$

虽然三次调节可以减小节点运行的功率偏差,但是变流器运行过程中改变下垂斜率可能导致预期之外的电磁暂态过程,这是由电力电子设备开关特性决定的,因此改变下垂特性斜率仅作为备用调节手段,一般不应参与主要调节过程。

2.5 功率源变流器的过程控制建模

如前所述,直流配电网中的变流器可以视为一个可控的功率源元件,同时能够依据前述的控制特性进行过程控制建模。由于变流器属于电力电子装置,模拟其高速开关需要占据计算机大量的内存和计算资源,同时方程中将含有大量的微分方程,求解过程十分困难,精确仿真会受到较大限制。因此,我们提出一种仅考虑元件外特性的过程控制模型,忽略电力电子器件的开关过程,将变流器简化为便于求解的低阶微分方程,这样做的优势在于,可以对相当大规模的直流网系统进行动态仿真计算,并且可以更快地求解出结果。

2.5.1 控制原理

基于直流配电网的可控功率直流功率源模型的核心设计思想是通过一个控制模块调整一个可控电压源的输出电压,实现对模块功率的控制。模型功率 P 为正

时表示模型输出功率,P 为负时表示模型消耗功率。根据模型端口电压 V 与模型功率 P 的正相关关系,当模型功率为正时,调高模型端口电压 V 以提高模型输出功率 P,调低模型端口电压 V 以降低模型输出功率 P;同理,当模型输出功率为负时,调高模型端口电压 V,P 增大表示模型消耗功率减小,而调低模型端口电压 V,P 减小表示模型消耗功率增大。

功率源模型的控制模块部分主要由 PI 控制算法构成,其输入变量包括电气模块部分测量出的模型输出电压、电流信号,以及模型的期望功率曲线、初始电压值、PI 控制参数等,其输出变量为发送给可控电压源的输出电压信号。计算机处理数据的原理决定了控制算法中所有信号均以离散信号的形式存在,因此控制算法全部以离散的形式进行。

首先,根据测量第 k 步的可控源输出电压 $V(k)$ 及可控电压源的输出电流 $I(k)$,并根据式(2-19)计算当前模型功率 $P(k)$,电流方向为流入可控电压源的方向,模型功率 $P(k)$ 为正时表示模型输出功率,模型功率 $P(k)$ 为负时表示模型消耗功率:

$$P(k) = I(k) \times V(k) \qquad (2-19)$$

根据期望功率曲线得到该时刻期望输出功率 $P_{\text{expect}}(k)$,根据式(2-20)计算期望输出功率与实际输出功率的偏差 $\varepsilon(k)$:

$$\varepsilon(k) = P_{\text{expect}}(k) - P(k) \qquad (2-20)$$

PI 控制器采用增量式 PI 调节算法,位置式 PI 调节器的时域表达如下:

$$V_{\text{out}}(t) = k_{\text{p}}\varepsilon(t) + \frac{1}{\tau}\int\varepsilon(t)\mathrm{d}t = k_{\text{p}}\varepsilon(t) + k_{\text{i}}\int\varepsilon(t)\mathrm{d}t \qquad (2-21)$$

式中:k_{p} 为比例系数;k_{i} 为积分系数;$\varepsilon(t)$ 为 PI 差动输入,即 t 时刻实际功率与期望功率的偏差值;τ 为时间常数;$V_{\text{out}}(t)$ 为 PI 输出。

将式(2-21)离散化为差分方程如下:

$$\begin{aligned}V_{\text{out}}(k) &= k_{\text{p}}\varepsilon(k) + k_{\text{i}}T_{\text{sam}}\sum_{i=1}^{k}\varepsilon(i) = k_{\text{p}}\varepsilon(k) + V_i(k)\\ &= k_{\text{p}}\varepsilon(k) + k_{\text{i}}T_{\text{sam}}\varepsilon(k) + V_i(k-1)\end{aligned} \qquad (2-22)$$

式中:$V_{\text{out}}(k)$ 为第 k 步输出电压;T_{sam} 为采样周期。

增量式控制原理如下:

$$\Delta V(k) = V_i(k) - V_i(k-1) = k_{\text{p}}[\varepsilon(k) - \varepsilon(k-1)] + k_{\text{i}}T_{\text{sam}}\varepsilon(k) \quad (2-23)$$

由于 T_{sam} 为常数,则可以将 $k_{\text{i}}T_{\text{sam}}$ 均设为 k_{i},则增量式还可以表示为

$$\Delta V(k) = k_{\mathrm{p}} \big[\varepsilon(k) - \varepsilon(k-1) \big] + k_{\mathrm{i}} \varepsilon(k) \tag{2-24}$$

式中：$\varepsilon(k-1)$为上一次调节期望输出功率与实际输出功率的偏差；k_{p}为比例控制系数；k_{i}为积分控制系数。

经过加法运算，计算出此次调节可控电压源的输出电压$V_{\mathrm{out}}(k)$：

$$V_{\mathrm{out}}(k) = V_{\mathrm{out}}(k-1) + \Delta V(k) \tag{2-25}$$

反复进行控制调节，当可控电压源的输出功率与期望输出功率相同时，即$P_{\mathrm{expect}}(k) = P_0(k)$时，$\Delta V(k) = 0$，可控电压源输出电压达到稳定值。

2.5.2　功率源模型设计

功率源模型又分为单极性功率源模型与双极性功率源模型。其中单极性功率源模型控制原理如图2-23所示。

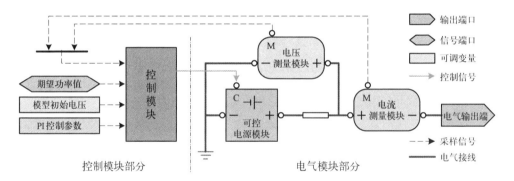

图2-23　单极性功率源模型控制原理图

1）单极性功率源模型

直流配电网的单极性功率源模型分为控制模块与电气模块两部分，整体控制原理如图2-23所示。

单极性功率源模型的电气模块部分包括一个可控电压源、一个电压测量模块、一个电流测量模块及一个电阻模块。可控电压源与直流配电网并网节点相连，电流测量模块、电阻与可控电压源模块串联，电流测量模块的功能为测量模型的输出电流；电压测量模块及可控电压源模块与电阻的串联电路并联，电压测量模块的输出电压，即模型的端口电压。电压测量模块与电流测量模块分别输出测量得到的电压、电流信号，并将信号发送至模型的控制模块部分。

单极性功率源模型的控制模块部分主要由模型的控制算法及输入输出信号构成。其输入信号又分为模型外输入信号与模型内部信号，模型外输入信号包括单极性功率源模型的期望功率曲线、模型初始电压、模型的PI控制参数，内部信号包括电气模块部分测量出的模型端口电压及电流信号。

　　单极性功率源模型的核心控制算法如图 2 - 24 所示。单极性功率源控制过程首先要进行模型参数的初始化设定,包括设定输出电压信号的初始值 $V_{out}(0)$,设置 PI 控制参数 k_p 、k_i ,之后进入循环算法。为模型输出端口设置初始电压的目的在于使功率源模型初始功率调节尽快稳定,防止由于初始调节时功率偏差过大而产生模型端口电压大幅波动。

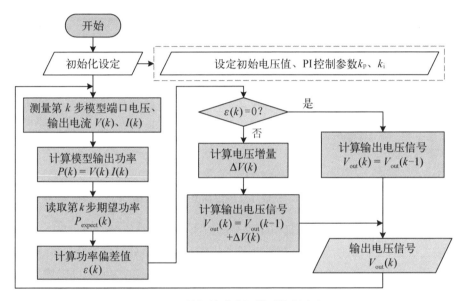

图 2 - 24　单极性功率源模型控制流程图

　　循环算法中首先接收测量到的单极性功率源模型端口电压、电流信号 $V(k)$ 与 $I(k)$,根据式(2 - 19)计算单极性功率源模型在第 k 步的输出功率 $P(k)$,然后读取第 k 步的期望功率 $P_{expect}(k)$,根据式(2 - 20)计算功率偏差 $\varepsilon(k)$ 。通过判断功率偏差 $\varepsilon(k)$ 是否为零来判断 PI 控制是否已经达到稳态:若 $\varepsilon(k)$ 为零,输出电压信号不变化,即 $V_{out}(k) = V_{out}(k-1)$;若 $\varepsilon(k)$ 不为零,根据式(2 - 24)计算输出电压信号增量 $\Delta V(k)$,进而根据式(2 - 25)计算输出电压信号 $V_{out}(k)$ 。每一次循环的最后将该步的输出电压信号 $V_{out}(k)$ 发送至电气模块部分中的可控电压源。

　　2) 双极性功率源模型

　　与单极性功率源模型结构相近似,双极性功率源模型同样分为控制模块部分与电气模块部分,如图 2 - 25 所示。

　　双极性功率源模型的电气模块部分由两个可控电压源模块、两个电压测量模块、两个电流测量模块及两个等值电阻构成。电气模块部分正极部分与单极性功率源模型电气模块连接方式相同,负极部分各模块连接方式与正极部分相同,极性

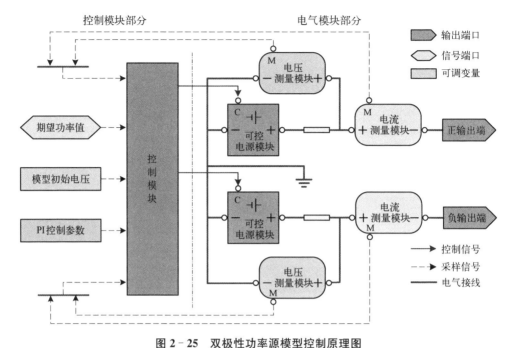

图 2-25　双极性功率源模型控制原理图

相反。双极性功率源模型的控制模块部分同样由双极性功率源模型的核心控制算法及输入输出信号构成,其输入信号又分为模型外输入信号与模型内部信号,模型外输入信号包括双极性功率源模型的正负极期望功率、模型初始电压、模型的 PI 控制参数,内部信号包括电气模块部分分别测量出的模型正负两极端口电压及电流信号。

正负两极期望功率可以相同也可以不同,当两极期望功率不同时,表示两极输出不对称。正负两极的初始电压通常相同,即通常情况下设置模型的初始状态为两极对称状态。为方便控制调节,正负两极的 PI 控制参数相同。

双极性功率源模型的核心控制算法的整体控制流程与单极性功率源模型控制算法的控制流程相同,即按相同的控制流程及计算方法对正负两极的可控电压源同时进行控制。

2.5.3　仿真分析

根据上述建模思想,基于 MATLAB/Simulink 仿真环境分别建立单极性功率源模型与双极性功率源模型。

1) 单极性功率源模型

根据图 2-23 所示建模原理,在基于 MATLAB/Simulink 仿真环境下搭建单极性功率源模型。单极性功率源 Simulink 模型的最终封装如图 2-26 左侧所示。

设定单极性功率源模型输出功率为 $50\,kW$，电压等级为 $500\,V$，模型初始调节如图 2 - 27 所示，模型经过 $0.02\,s$ 的调节后达到稳态。

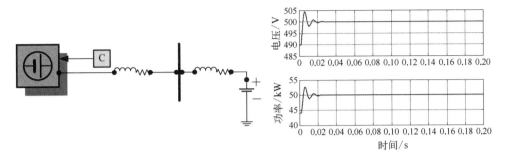

图 2 - 26　单极性功率源 Simulink 模型与
直流无穷大电网连接图

图 2 - 27　单极性功率源 Simulink 模型
初始调节电气特性

用设计的单极性功率源模型与采用电力电子开关电路进行精确建模的功率源模型进行对比。精确建模电路采用 AC - DC 换流电路。同样设定直流侧输出功率为 $50\,kV$，电路电压等级为 $500\,V$，其仿真波形如图 2 - 28 所示。

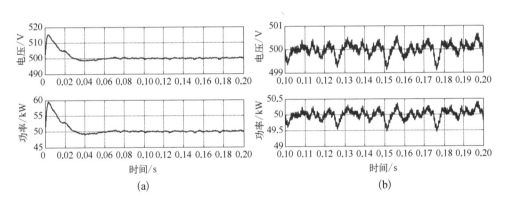

(a)　　　　　　　　　　　　　　(b)

图 2 - 28　AC - DC 换流器 Simulink 模型仿真电气特性

(a) 换流器直流侧端电压调节过程；(b) 换流器直流侧端电压波情况

如图 2 - 28(a)所示，换流器直流侧端电压在 $0.04\,s$ 后达到稳定，端口电压稳定于 $500\,V$，输出功率稳定于 $50\,kV$。由图 2 - 28(b)可见，在 $0.1\,s$ 电路已经达到稳态后，由于开关电路的作用，换流器的输出功率存在高频分量，输出功率在 $50\,kV$ 的 $\pm0.5\,kV$ 范围内波动。

对比图 2 - 27 与图 2 - 28，在忽略高频分量的前提下，所设计的直流功率源模型可以较为精确地模拟换流器在直流侧的电气特性。

2) 双极性功率源模型

根据图 2-25 所示建模原理,在基于 MATLAB/Simulink 仿真环境下搭建双极性功率源模型。将双极性功率源 Simulink 模型与双极性无穷大直流配电网相连,设定模型的输出功率在 2 s 内为 −15 MW,即消耗 15 MW,直流配电网的电压等级设置为 10 kV。由图 2-29(a)所示,模型的实际输出功率在经过运行初始时寻找功率的波动后,在 0.7 s 以后可以稳定地消耗 15 MW 的功率,由图 2-29(b)所示,模型正负两极端口电压数值相同、极性相反,电压在 0.7 s 以后可以稳定在 9 970.6 V。

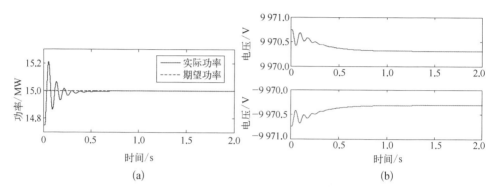

图 2-29 双极性功率源 Simulink 模型初始调节功率、电压状况

(a) 模型实际功率调节过程;(b) 模型正负极端口电压调节过程

2.6 直流配电网元件的过程控制建模

以功率源元件的过程控制模型为基础,为了便于对多端大规模直流配电网络进行进一步的研究,在此针对直流配电网中各模块的可快速计算仿真建模进行研究。根据直流配电网中电源及负荷变流器的外部电气特性,分别建立直流配电网中单极性与双极性的电源、负荷及变流器模型。

2.6.1 电源模型

直流配电网中的电源部分包括连接交流主电网的 VSC 电源模型及以分布式电源为主的其他电源模型,针对不同类型电源的特点,以直流配电网功率源模型为基础进行有针对性地分类建模。

1) 电源模型的控制目标

考虑到直流配电网的属性,其与上级交流主电网相连的 VSC 将在大部分时间运行于向直流配电网输送电能的状态,主要承担向配电网负荷输送电能、维持配电网电压稳定的功能,因此与上级电网相连的 VSC 模型是直流配电网中最主要的电源模块。

上级电网的 VSC 电源模型与直流配电网的连接形式如图 2-30 所示,直流配电网的主干网络的电压等级为 ±10 kV,因此设计了用于双极性直流网络的 VSC 电源模型,该模型外部有两个电气端口,分别与直流配电网络的正负极相连接。

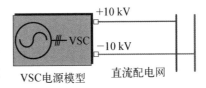

图 2-30　VSC 电源模型并网连接图

在典型多端直流配电网的拓扑中,直流配电网在多个节点与上级电网相连接,由于不同连接点 VSC 的功能不同,在模型设计上也有所不同。在此主要考虑并设计了以维持配电网电压为主要控制目标的 VSC 电源模型及以向配电网输送电能为主要控制目标的 VSC 电源模型。

(1) 恒电压控制的电源模型:恒电压控制的 VSC 电源模型以将直流配电网节点电压维持在恒定值为控制目标,是直流配电网中的平衡节点,为直流配电网主网络的电压提供支撑。因此,在直流配电网络中有且仅有一个恒电压控制的 VSC 电源模型。

恒电压控制的电压调节范围如图 2-31 所示。恒电压控制的 VSC 电源模型的控制算法中将直流配电网主干网络的额定电压设为基准电压;为防止模型因配电网的功率波动而频繁调节,在基准电压上下设置电压调节死区,由于设置电压死区的上下限偏离基准电压的幅度较小,可以认为当模型端口电压在电压死区范围内时模型端口电压是正常的,即当模型的端口电压在电压调节死区范围内时,模型控制器将不对模型电压进行调节;在电压死区之外设定电压

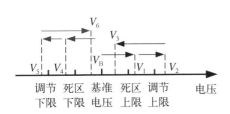

图 2-31　恒电压控制电压调节范围

有条件调节区间,模型端口电压从死区内偏移至该区域时,为防止模型过频繁调节,仍旧认为该电压是可以接受的,只有当电压偏离出有条件调节区间时,控制器才会调节模型端口电压至死区范围内,因此模型端口电压位于有条件调节区间内而死区之外时,只有上一个时间点状态为调节状态,模型才会对端口电压进行调节。

正如图 2-31 中的电压变化情况:当模型端口电压由基准电压 V_B 升至电压 V_1 时,母线电压超过死区上限,但低于调节上限,变压器模型不调节;当母线电压由 V_1 继续升至 V_2 时,模型端口电压超过调节上限,模型控制器开始调节模型端口电压;当模型端口电压调节至 V_3 时,即模型端口电压进入电压死区范围内,电压调节停止。同理,当模型端口电压降低时,模型也进行相应调节。

因为该模型控制目标为端口电压,因此无需使用功率源模型,而是参照功率源

模型的设计在控制模块部分进行了适当的改动,以实现恒电压控制的目标。模型的电气部分依旧采用可控电压源模块与电阻模块串联的连接方式,电流测量模块串联接入主电气线路中,用以测量模型的输入输出电流,电压测量模块与可控电压源及电阻的串联电路并联,用以测量模型的端口电压,测量模块将测量电气量以信号的形式传输至控制模块;模型的控制模块部分将模型的基准电压 V_B、VSC 的容量、恒电压控制中使用的比例控制的比例调节参数作为模型的可调参数,用以确定模型的基本特性,并接收测量模块传输来的信号作为输入量,用以判断模型的运行状态。

由于在恒电压控制中 VSC 电源模型的端口电压与基准电压间存在一定程度的偏离是可以接受的,模型端口电压的调节算法可以采用最为直接的比例调节。模型的控制算法首先根据 VSC 电源模型接入的直流配电网主电网电压等级设定模型的基准电压 V_B,再根据计算出的模型输出功率判断模型是否超出容量限制。如果模型功率超过 VSC 的容量,则采用如功率源模型的功率控制;如果模型功率在 VSC 的容量范围之内,则模型通过内部的电压测量模块测量出第 k 步的模型的外部端口电压 $V(k)$,并根据式(2-26)计算出模型的端口电压偏移量 $\Delta V(k)$。

$$\Delta V(k) = V(k) - V_b \qquad (2-26)$$

为了判断模型的端口电压偏移量 $\Delta V(k)$ 绝对值的大小,首先判断模型端口电压是否处于基准电压死区内,若是,则不进行电压调节,即控制器向可控电压源发出的电压信号 $V_{out}(k)$ 不改变;若否,再判断模型端口电压是否处于有条件电压调节区域内,若否,进行电压调节,通过比例控制将模型的端口电压调节至死区范围内,根据式(2-27)、式(2-28)计算控制器发送给可控电压源的电压信号 $V_{out}(k)$;若是,则控制器判断上一运行状态,即 $k-1$ 步时,是否进行了电压调节,若是,则继续按照式(2-27)、式(2-28)进行电压调节;若否,则不进行电压调节,即控制器向可控电压源发出的电压信号 $V_{out}(k)$ 不改变。

$$\Delta V_{out}(k) = k_p \Delta V(k) \qquad (2-27)$$

$$V_{out}(k) = V_{out}(k-1) + \Delta V_{out}(k) \qquad (2-28)$$

基于上述设计原理在 MATLAB/Simulink 上建立恒电压控制 VSC 电源模型,并将其作为平衡节点接入拓扑直流配电网络中。设定该恒电压控制 VSC 电源模型的容量限值为 10 MW,额定电压为 ± 10 kV,死区电压上限设为 10.01 kV,下限设为 9.99 kV,调节上限设为 10.05 kV,调节下限设为 9.95 kV。恒电压控制 VSC 电源模型在额定容量范围内的恒电压控制如图 2-32 所示,由于直流电网侧电压较低,VSC 电源模型向配电网输送功率,从 0 s 开始 VSC 电源模型输出功率逐渐增大,直至达到 4 MW 时稳定,在 VSC 电源模型输出功率增大的过程中,模型端口

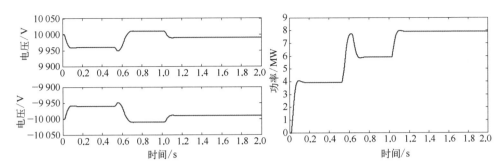

图 2-32 较大调节区域时直流电网波动下 VSC 电源模型恒电压控制仿真

电压逐渐减小超过死区下限(9.99 kV),未达到调节下限(9.95 kV),因此模型不进行电压调节,在该稳定状态维持模型端口电压不变。

在 0.5 s 时直流配电网功率需求继续发生变化,功率继续需求增大,因此 VSC电源模型输出功率在 0.5 s 后逐渐增大,VSC 电源模型输出端口电压则继续减小至超出调节下限(9.95 kV),当模型端口电压超过调节下限时,模型开始电压调节,将模型端口电压调整至死区范围内。在 0.65 s 时,模型端口电压达到死区范围,电压调节停止,由于直流电网没有达到稳定状态,模型端口电压直至 0.7 s 时达到稳定。1 s 时直流电网功率需求再次出现变动,与第一次功率变动一样,该次 VSC 电源模型输出功率增大的过程中模型端口电压未超出调节下限,模型的电压调节不动作。

调整模型的调节上下限设定会对恒电压控制 VSC 电源模型电压调节的灵敏性产生影响。例如:重新设定该恒电压控制 VSC 电源模型的容量限值为 10 MW,额定电压为±10 kV,死区电压上限设为 10.01 kV,死区电压下限设为 9.99 kV,调节上限设为 10.015 kV,调节下限设为 9.985 kV。

如图 2-33 所示,本次电网功率需求波动与图 2-32 相同。由于模型的调节区域缩小,模型的电压调节更为灵敏,模型端口电压可基本保持在死区范围以内。当直流电网电压持续降低,需求更多的功率使得恒电压控制 VSC 电源模型的输出功率达到额定容量时,模型转换为恒功率控制,保持额定容量的功率输出。设定该恒电压控制 VSC 电源模型的容量限值为 10 MW,额定电压为±10 kV,死区电压上限设为 10.01 kV,死区电压下限设为 9.99 kV,调节上限设为 10.015 kV,调节下限设为 9.985 kV。

(2) 恒功率控制的电源模型:恒功率控制 VSC 电源模型主要用于向直流配电网输入功率,其具有传输功率服从调度指令、功率变化时间尺度较大、直流侧具备自调节的下垂控制特性等特点。

VSC 变流器的直流侧 P-V 下垂特性是一种控制特性,变流器的期望输出功率随其端口电压的变化而变化,即当端电压降低时变流器输出功率会相应增大或

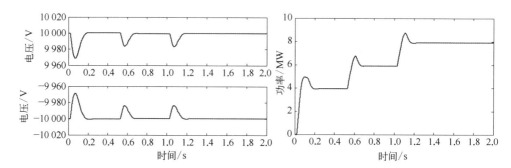

图 2-33　较小调节区域时直流电网波动下 VSC 电源模型恒电压控制仿真

者吸收功率相应减少,相反地,当端电压升高时变流器输出功率会相应减少或者吸收功率相应增大(见图 2-9)。由下垂特性的原理可知,下垂参数 k 越大,变流器对电网电压的支撑作用越弱;反之,k 越小,变流器对电网电压的支撑作用越强。

由于 VSC 的容量限制,VSC 电源模型的输出功率不可能无限地增大,因此当模型端口电压跌落至一定程度时,模型转变为恒功率输出。VSC 变流器的直流侧 P-V 下垂特性实际是一条分段的曲线,在模型功率达到容量限值前,模型运行在正常的下垂控制模式,当模型功率达到 VSC 容量时,按 VSC 的容量运行在恒功率控制模式。

从图 2-13 可知,VSC 变流器输出功率通过控制其输出电流来实现,其控制思想如图 2-34 所示,图中:I 表示 VSC 变流器向配电网的输出电流,I^* 表示通过 PI 控制流出开关电路的电流,dt 表示时间的微分量,C 表示变流器网侧电容,dV 表示 VSC 变流器网侧端电压的微分量,V_0 表示变流器端电压前一时刻的电压。

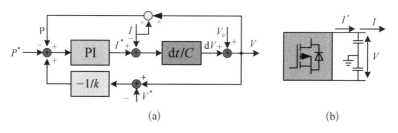

(a)　　　　　　　　　　　　　　　　(b)

图 2-34　VSC 变流器下垂控制框图

(a) VSC 变流器控制原理图;(b) VSC 变流器接线图

若输出功率不足时,根据图 2-34(a)中的控制调高 I^*,由图 2-34(b)可知变流器存在电容消纳多余电流,多出的电流转化为电能储存于电容中从而使变流器端电压 V 增大,根据图 2-31 中的 P-V 外部特性曲线,VSC 变流器的实际输出功率也将增大,根据图 2-16 中变流器 P-V 控制曲线,V 增大时,VSC 变流器控制期望功率相应减小,经过不断调节 VSC 变流器的运行,最终在两条 P-V 特性曲线的交点达到稳定。若输出功率过高时,调节过程则反之。

由于 VSC 变流器的电压下垂特性会对变流器两端的功率均产生影响,控制过程中两端功率偏差如式(2‑29)所示,$\Delta P'$ 表示下垂控制引起上级电网功率变化量,ΔP 表示 VSC 变流器输出功率的变化量。当 VSC 变流器达到稳定运行状态时,$P'_{\text{error}}=0$。

$$P'_{\text{error}}=(P'+\Delta P')-(P+\Delta P) \tag{2-29}$$

在 VSC 变流器的运行参数不变的情况下,配电网状况发生变化,相对应地配电网的等效节点电压与等效线路电阻均可能发生改变,此时该变流器的控制 $P\text{-}V$ 特性不发生变化,而外部 $P\text{-}V$ 特性发生改变,形成新的外部 $P\text{-}V$ 特性曲线,VSC 变流器也将在两条曲线的新交点上达到新的稳定状态(见图 2‑17)。由此可知,当配电网功率不足,即配电网等效节点电压降低时,变流器的运行状态将沿其 $P\text{-}V$ 控制特性曲线向下,输出功率增大;反之,变流器的运行状态将沿其 $P\text{-}V$ 控制特性曲线向上,输出功率减少。输出功率控制的 VSC 电源模型如图 2‑23 所示,与功率源模型基本一致。图 2‑35 为仿真结果。

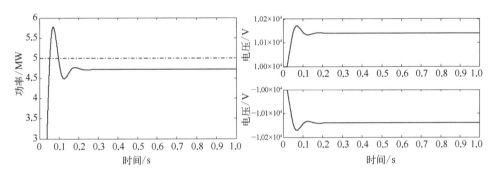

图 2‑35　输出功率控制的 VSC 电源模型仿真

2)电源模型的电气拓扑

不同电压等级直流网络可能存在双极接线、单极接线两种不同的接线方式,其中正负双极接线多用于配电网中电压等级较高的主干网络,而在电压等级较低的配电网中也可能会采用单极接线的形式。双极性电源模型是直流配电网中最为常见的电源模型,与图 2‑25 结构类似。

正负双极直流配电网中可能存在两极不平衡的问题,从而导致电源接地线上有较大电流产生。接地线电流过大会对供用电安全带来较大的危害,因此在双极性电源模型设计的过程中加入了接地线电流调节控制,使双极性电源模型能在两极不平衡情况下将其接地线电流控制在可接受的范围内。

接地线电流控制是指在防止模型的接地线电流超出允许范围而进行的调节控

制,该控制策略分为两种模式,一是在检测到模型接地线电流超出允许范围后,通过调节正负两极的输出功率来减小接地线电流;二是在线路不平衡状态下电源输出总功率发生变化时,保证在功率调节的过程中,接地线电流不越限。双极性电源模型控制流程如图 2-36(a)所示,接地线电流调节策略如图 2-36(b)所示。

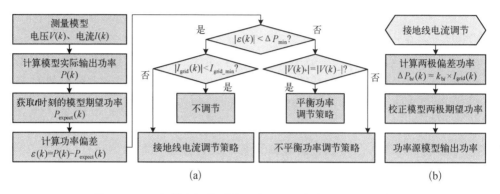

图 2-36 双极性电源模型控制流程图及接地线电流调节策略

(a) 双极性电源模型控制策略;(b) 接地线电流调节策略

根据式(2-30)计算正负两极间的功率偏差 $\Delta P_{bi}(k)$,其中 k_{bi} 为功率偏差调节的比例系数,其取值参考模型所连接配电电压等级而确定。

$$\Delta P_{bi}(k) = k_{bi} \times I_{grid}(k) \qquad (2-30)$$

根据式(2-31)对模型正负极期望进行校正,P_{expect_p} 与 P_{expect_n} 分别表示模型正负极的期望输出功率。

$$\begin{cases} P_{expect\_p}(k) = P_{expect\_p}(k-1) + \Delta P_{bi}(k) \\ P_{expect\_n}(k) = P_{expect\_n}(k-1) - \Delta P_{bi}(k) \end{cases} \qquad (2-31)$$

最后,将期望功率传输给功率源模型实现功率输出。

不平衡功率调节策略与平衡功率调节策略的区别在于需要对模型正负两极的期望功率按照式(2-32)同时进行调整,然后将该期望功率传输给功率源模型实现功率输出。

$$\begin{cases} P_{expect\_p}(k) = \dfrac{1}{2}\big[P_{expect}(k) + P_{expect\_p}(k-1) - P_{expect\_n}(k-1)\big] \\ P_{expect\_n}(k) = \dfrac{1}{2}\big[P_{expect}(k) + P_{expect\_n}(k-1) - P_{expect\_p}(k-1)\big] \end{cases} \qquad (2-32)$$

图 2-37、图 2-38 分别为双极性电源模型接地线电流调节和双极性电源模型不平衡功率调节仿真图。

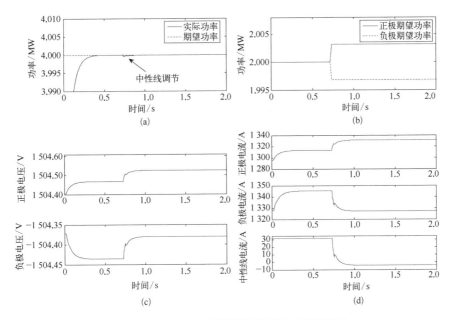

图 2 - 37　双极性电源模型接地线电流调节仿真

(a) 模型实际功率和输出功率；(b) 模型正极和负极的期望输出功率；
(c) 模型正极和负极电压；(d) 模型正极、负极和中性线电流

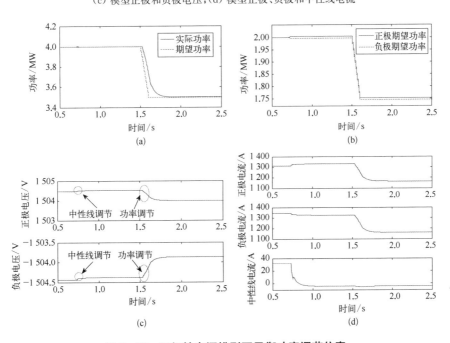

图 2 - 38　双极性电源模型不平衡功率调节仿真

(a) 模型实际功率和输出功率；(b) 模型正极和负极的期望输出功率；
(c) 模型正极和负极电压；(d) 模型正极、负极和中性线电流

3）双电源并联于同一条母线运行分析

图 2‐39 给出了双电源并联运行于同一条直流母线的示意图。电源模型的

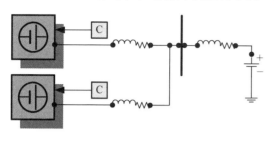

输入变量分别为 ΔP_{gen1}、ΔP_{gen2}，输出变量分别为变换器的输出电压 V_1、V_2，分别通过输电线路其电阻为 $(R_1、R_2)$ 与直流母线相连。直流母线通过一段输电线路与 10 kV 无穷大直流电源相连，线路电阻为 R_3。

图 2‐39　双电源于同一直流母线并联运行

由基尔霍夫电流定律可知：

$$\frac{V_1-V}{R_1}+\frac{V_2-V}{R_2}=\frac{V-V_{DC}}{R_3} \tag{2-33}$$

式中：V 为直流母线电压；直流电压源 $V_{DC}=10$ kV。

由式（2‐33）可知，直流母线电压 V 可通过 V_1、V_2 表示为

$$V=a\times V_1+b\times V_2+c \tag{2-34}$$

式中：a、b、c 为常数。

电源输出的功率 P_1、P_2，无穷大直流电源从双电源吸收的总功率 P（MW）可由下式表示：

$$\begin{cases} P_1=V_1\times\dfrac{V_1-V}{R_1} \\[2mm] P_2=V_2\times\dfrac{V_2-V}{R_2} \\[2mm] P=P_1+P_2=V_{DC}\times\dfrac{V-V_{DC}}{R_3} \end{cases} \tag{2-35}$$

以电源 1 输出的功率不变、电源 2 的功率扰动为例，仿真结果如图 2‐40（a）所示。在 $T=1.0$ s 时，电源 2 输出的功率增加 0.1 MW，即 $\Delta P_{gen2}=-0.1$ MW，此时为了维持功率平衡，直流母线电压 V 上升从而增加电源输出的总功率 P。由于电源 1 输出的功率不变，电源 1 模块的变换器端口输出电压 V_1 也随着 V 上升才能保证 P_1 维持在恒定值，电源 2 模块的变换器端口输出电压 V_2 上升以使电源输出更多的功率，并且 V_2 的电压升幅比 V_1 大。当 $T=3.0$ s 时，电源 2 输出的功率继续增加 0.1 MW，直流母线电压 V 进一步上升以维持源‐荷的功率平衡，变换器的端口电压变化与 $T=1.0$ s 时的变化情况一致。在 $T=5.0$ s 时，电源 2 输出的功率减少 0.1 MW，即 $\Delta P_{gen2}=0.1$ MW，直流母线电压 V 下降从而减少输送功率，电源 1 的端口输出电压 V_1 随之下降以维持电源 1 消耗的功率不变，电源 2 的端口输出电

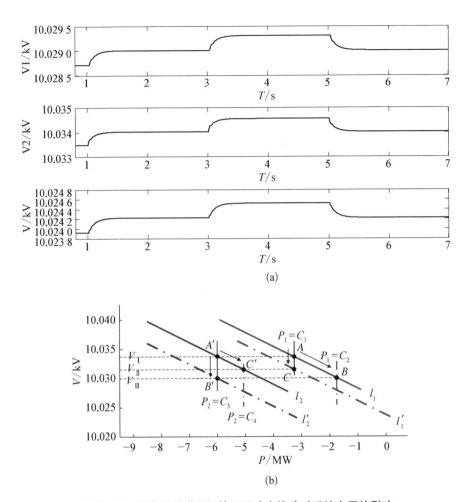

图 2 - 40　双电源并联运行情况下功率扰动对系统电压的影响

(a) 双电源并联运行的仿真结果；(b) 双电源并联运行的 P - V 特性曲线

压 V_2 也随之下降，并且 V_2 的电压降幅比 V_1 大。

图 2 - 40(b) 给出了双电源并联运行情况下的输出功率特性曲线。其中 l_2、l_2' 分别对应电源 2 的 P - V 曲线，$P_2 = C_3$、$P_2 = C_4$ 为对应的运行点，其中 C_3 和 C_4 为常数，改变电源 1 的输出功率的情况，从而得到电源 1 输出的功率和并联母线电压的特性曲线；l_1、l_1' 分别对应电源 1 的 P - V 曲线，即 $P_1 = C_1$、$P_1 = C_2$ 为对应的运行点，其中 C_1 和 C_2 为常数，改变电源 2 的输出功率，从而得到电源 2 输出的功率和并联母线电压的特性曲线。

在情景 1 时，并联母线电压 $V = V_1$，此时电源 2 运行在 A 点，输出的功率 $P_2 = C_1$，$P_1 = C_3$ 与 l_2 的交点为 A'，电源 1 运行在 A' 点。由情景 1 变化到情景 3，电源

1 输出的功率 P_1 保持 C_3 不变,电源 2 输出的功率 P_2 从 C_1 变化到 C_2,电源 2 的运行点从 A 变化到 B,l_2 的输出功率特性曲线向下平移至 l_2',$P_1 = C_3$ 与 l_2' 相交于 B',换言之,电源 1 的运行点从 A' 变化到 B',B 和 B' 对应于同一个电压 $V = V_{\text{Ⅲ}}$。同样地,由情景 1 变化到情景 2,假设电源 2 输出的功率 P_2 保持 C_1 不变,电源 1 输出的功率 P_1 从 C_3 变化到 C_4,运行点从 A' 变化到 C',此时 l_1 的输出功率特性曲线向下平移至 l_1',$P_2 = C_1$ 与 l_1' 相交于 C,换言之,电源 2 的运行点从 A 变化到 C,C 和 C' 对应于同一个电压 $V = V_{\text{Ⅱ}}$。

2.6.2 负荷模型

基于直流配电网的负荷模型与基于直流配电网的电源模型相似,是包含整个负荷及其变流器在内的统一模型,该模型主要功能在于模拟负荷在直流配电网侧的电压、功率特性。根据接线方式的不同主要分为单极性直流负荷模型和双极性直流负荷模型,两者均依照负荷功率曲线实现模型消耗功率的变化,可以对灵活变化的单极、双极负荷进行模拟。

1) 常规负荷

负荷可以视为一种不断变化的负功率源,为了研究的目的需要能够对负荷进行控制以使其表现出变化的实际情况。常规负荷模型的核心思想是通过一个控制模块调整一个可控电压源的输出电压,实现对负荷的控制。控制模块的输入为期望负荷、可控电压源的输出电压及输出电流,输出为可控电压源的输出电压。因此,负荷模型的控制算法与电源模型的控制算法相仿,只需要将初始功率设定为正数,初始电压设定低于母线电压,详细算法参照 2.5 节的介绍。

以单个负荷对无穷大直流母线为例,直流配电网的直流母线电压基准值 $V_B = 10\ \text{kV}$。在 MATLAB/Simulink 环境下搭建负荷模型如图 2-41 所示,此负荷模型内部包含了负荷及与负荷相连的变换器。直流负荷采用 DC-DC 变换器与直流母线连接,交流负荷采用 AC-DC 变换器与直流母线连接。

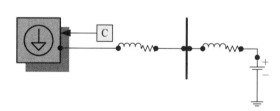

图 2-41　单个负荷连接至无穷大直流母线示意图

控制系统能够实现对电压的控制,从而使负荷的输入功率达到期望值。负荷的输入功率从初始值到期望值的变化如图 2-42 所示,可以看到系统能够实现较快和较稳定的调节控制。

为了保证直流配电网的优质供电,规定直流电压稳态偏差不超过 $\pm 300\ \text{V}$ 的裕度,即 $3\% V_B$。在电压偏差的限定范围内,可近似认为负荷消耗的功率 P 与变换

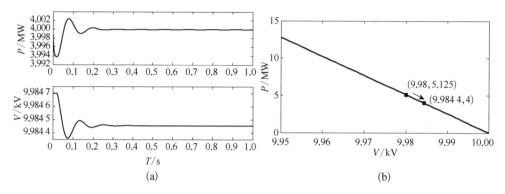

图 2－42　系统的初始调节过程

(a) 初始调节过程；(b) 运行点变化

器的输出电压 V 满足线性关系，并可由下式表示：

$$V = -k_L P + V_B \qquad (2-36)$$

式中：$-k_L$ 为曲线的斜率。

2) 主动型负荷

直流配电网中的部分元件如储能系统和交直流微电网，其功率可以双向流动，既能作为电源向外输出功率又能作为负荷消耗功率。对于储能系统而言，当整个直流网络中的能量出现冗余时，储能系统作为负荷消耗能量工作在充电模式；而当直流网络中的能量出现缺额时，储能系统作为电源弥补能量缺失对外放电。同样，对于交直流微电网而言，当微电网内部电源的输出功率不足以满足微电网内部的负荷需求时，微电网作为负荷从直流配电网中获取能量；当微电网内部电源的输出能量过剩，微电网将作为电源向直流配电网输送功率。

以储能电池为例，在 MATLAB/Simulink 搭建主动型负荷模型如图 2－43 所示，该模型模拟的是实际系统中储能电池与变换器相连的结构。其控制原理与负荷（电源）模型类似，这里不再赘述。

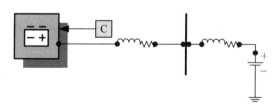

图 2－43　主动型负荷连接至无穷大直流母线

在功率扰动下，主动型负荷的仿真波形如图 2－44(a)所示。初始时刻到 300 ms 左右，主动型负荷工作在电源状态，记为状态 1；$T=0.5\,\text{s}$ 时，工作在负荷状态，记为状态 2；$T=1\,\text{s}$ 时，主动型负荷既不向外输送功率也不消耗功率，此时的工作状态记为状态 3；$T=1.5\,\text{s}$ 时，主动型负荷作为电源向无穷大直流母线输送功率，记为状态 4。

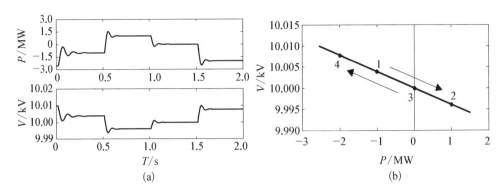

图 2‑44　主动型负荷仿真波形

(a) 功率及端口输出电压波形；(b) 运行点变化

由图 2‑43 可知，主动型负荷既可以作为负荷消耗功率又可以作为电源向外输出功率，直流母线电压也跟随流经直流母线的功率变化而变化。图 2‑44(b)为主动性负荷连接至无穷大系统的 P‑V 特性曲线。与单负荷(电源)对无穷大系统相似，主动型负荷 P‑V 特性曲线在允许的电压偏差范围内满足线性关系。当主动型负荷工作在虚线左侧，变换器的端口输出电压大于 10 kV 时，此时主动型负荷作为电源向无穷大直流母线输送功率，反之工作在虚线右侧时，主动型负荷作为负荷消耗功率。

2.6.3　直流变压器和潮流控制器模型

1) 直流变压器模型

直流变压器模型的核心思路是通过在变压器的低压侧和高压侧分别接有两个可控电压源，低压侧与高压侧的电压比为 $1:k_T$，低压侧电压根据高压侧电压调整，高压侧电压根据输出功率控制，变压器两次功率根据潮流方向，减去变压器损耗的情况下达到平衡。

测量低压侧功率，通过判断其正负确定流过变压器的潮流方向，确定变压器的损耗系数，进而计算出高压侧的预期功率 $P_{\text{expect\_H}}$：

$$P_{\text{expect\_H}}(k) = P_{\text{measure\_L}}(k) \times \eta_T \qquad (2\text{-}37)$$

式中：η_T 为直流变压器模型效率。直流变压器模型的传输效率问题，即模型在传输功率过程中的损耗问题，是在模型设计过程中通过采用损耗系数的方式进行模拟的，即为直流变压器模型设定一个固定的传输效率。损耗系数 k_T 的取值规则如下：在潮流由低压侧流向高压侧时小于 1(例如 0.98)，在潮流从高压侧流向低压侧时大于 1(例如 1.02)，相当于变压器效率为 98%。通过 PI 增量法，调节高压侧电压源

的输出电压,参照式(2-20)~式(2-24)。低压侧电压源的输出电压表达如下:

$$V_{\text{out\_L}}(k) = V_{\text{out\_H}}(k) \times k_{\text{T}} \tag{2-38}$$

单极性直流变压器模型控制原理如图 2-45 所示。

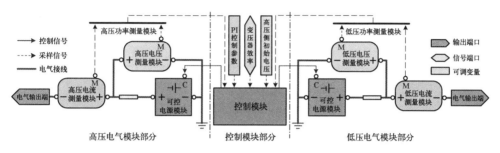

图 2-45　单极性直流变压器控制原理图

直流变压器模型控制模块的控制算法如图 2-46 所示。读取直流变压器模型效率 η_{T},计算经过直流变压器模型潮流不同方向时的模型损耗系数 $\eta_{\text{Tloss}+}$ 和 $\eta_{\text{Tloss}-}$,控制算法的循环计算过程则需要首先测量模型低压侧的电压 $V_{\text{Low}}(k)$ 与低压侧电流 $I_{\text{Low}}(k)$,计算出模型低压侧的输入/输出功率 $P_{\text{Low}}(k)$,通过判断模型低压侧的输入/输出功率 $P_{\text{Low}}(k)$ 是否大于零来判别经过直流变压器模型的潮流方向,并确定计算时使用的变压器损耗系数 η_{Tloss},最后根据式(2-37)计算直流变压器模型高压侧的期望功率 $P_{\text{expect\_H}}$,最后将模型高压侧的期望功率 $P_{\text{expect\_H}}$ 传送至模型高压侧的功率源模型,通过其实现功率的输入/输出,并继续进行循环算法。

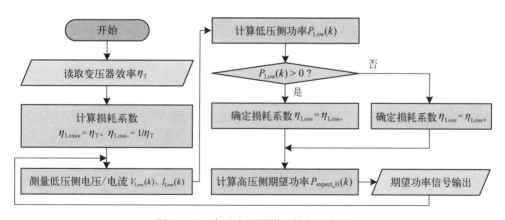

图 2-46　直流变压器模型控制流程图

以 1 kV 的馈线连接双负荷的情况给出一个例子,在 MATLAB/Simulink 搭建直流变压器连接双负荷及无穷大母线模型如图 2-47 所示。

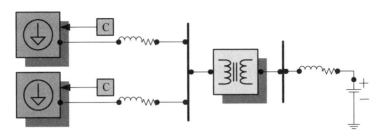

图 2 - 47　带双负荷的直流变压器模型连接至无穷大系统

负荷端、直流变压器两侧的功率及电压的仿真结果如图 2 - 48 所示,图 2 - 48(a)
黑线代表负荷 1 的功率曲线,灰线代表负荷 2 的功率曲线。初始时刻两个负荷模
块的初始电压都设为 987 V,初始消耗功率都为 3.55 MW。根据负荷模块的特性,

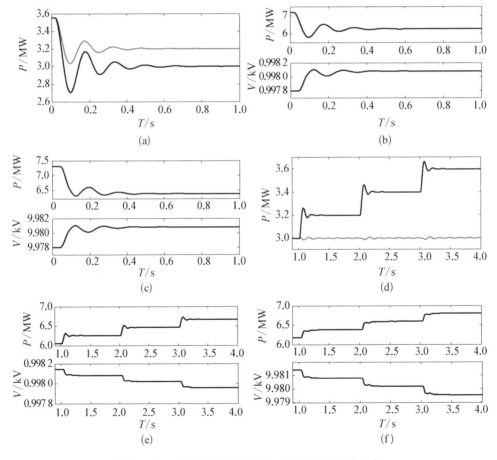

图 2 - 48　直流变压器连接双负荷及无穷大母线仿真

(a) 双负荷功率曲线;(b) 变压器低压侧;(c) 变压器高压侧;(d) 双负荷功率扰动曲线;
(e) 扰动时变压器低压侧曲线;(f) 扰动时变压器高压侧曲线

经过一段时间的调整,负荷 1 达到设定的消耗功率 $P_{load1}=3\,MW$,负荷 2 达到设定的消耗功率 $P_{load2}=3.2\,MW$,同时直流变压器将高压侧无穷大电源的功率经降压后稳定地传输给低压侧的负荷。由图 2-48(b)(c)可知,直流变压器稳态时低压侧的电压为 $0.998\,1\,kV$,高压侧的电压为 $9.981\,kV$,高压侧流入直流变压器的功率为 $6.384\,MW$,低压侧流出变压器的功率为 $6.26\,MW$,变压器两侧电压变比为 10,效率约为 98%。当双负荷中的一个负荷发生功率扰动时,假设负荷 1 发生扰动,扰动幅度为 $0.2\,MW$ 且每隔 $1\,s$ 发生一次扰动,而负荷 2 消耗的功率不变,仿真如图 2-28(d)(e)(f)所示。可见,变压器高低压侧的电压随着负荷效率的增加而降低,流经变压器的功率增加;在三次功率波动之后,变压器两侧功率及电压随着负荷的波动不断调整以满足负荷功率波动。

2)潮流控制器模型

潮流控制器的主要功能在于人为控制直流配电网中的潮流方向及大小,根据功能需求,潮流控制器模型一般可以采用定功率控制。

潮流控制器模型的主要设计思路同样基于变压器两侧的功率守恒,模型两侧输入/输出功率关系参照变压器公式即可推导,由于潮流控制器模型可以用于同一电压等级的直流配电网间,或直流配电网的线路中,因此模型可分为输入侧及输出侧,而不是直流变压器模型的高压侧与低压侧。经过潮流控制器模型的潮流可以双向流动,因此潮流控制器模型的输入、输出侧是可以转换的。

潮流控制器模型设计原理如图 2-49 所示,模型的输入侧、输出侧的功率控制均通过功率源实现。潮流控制器控制模块接收调度控制指令,该指令包括潮流控制器的潮流方向及大小;潮流控制器控制模块向两个功率源模型分别发送期望功率。潮流控制器的模型控制算法与直流变压器相似,在此就不赘述。

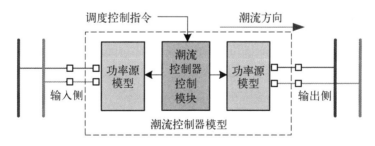

图 2-49 潮流控制器模型设计原理图

第 3 章 直流配电网的潮流和故障运行控制

潮流是电网运行的基础问题之一,对于直流电网的稳态潮流研究具有重要的实际意义,相关的柔性直流配电网协调控制方法主要参考柔性直流输电中的控制方法,其中适用于柔性直流配电网的电压控制方法主要有三种:主从控制(master-slave control)、电压下垂控制(droop control)和电压裕度控制(margin control)。相比于主从控制和电压裕度控制,电压下垂控制方式可以灵活地并网、离网和分网运行,对系统拓扑结构的变化具有很强的抗干扰能力,并且系统控制方法具有较强的可移植性,很好地适应多端柔性直流配电网的特点。

本章将从潮流问题开始,对影响直流配电网运行的因素进行讨论,并初步讨论直流配电网应对故障的措施和手段。

3.1 基于直流配电网过程控制模型的潮流

基于第 2 章提出的电源节点、负荷节点、直流变压器等简化模型,通过线路连接如图 1-19 所示的八端柔性直流配电网的简化模型,设定各节点的功率调度目标值,配电网模型即会按照网络参数和各节点下垂特性仿真得到直流配电网接受调度指令后的动态过程,最终达到稳态,此时,潮流状态即为直流配电网在该调度指令下的最终潮流。通过改变简化模型内部的主从控制/下垂控制的参数,即可以研究直流配电网的底层变流器控制对潮流分布的影响。八端柔性直流配电网对应的网络参数,包括典型的下垂控制参数,如表 3-1 所示。

配电网元件运行特性的设定原则如下:下垂特性参数的斜率大小取决于功率满足该节点需求的优先度,例如,电源节点的下垂特性曲线斜率比某些重要负荷节点的斜率稍小,从而使整个配电网络优先满足那些重要负荷的功率需求。如果下垂特性曲线比较陡,则功率分配特性较好,并且不易发生功率振荡,但是由于电压下降较多,电压质量较差,而直流电压若偏离额定值过大也会造成系统无法稳定运行;相反,如果下垂特性曲线比较平缓,则电压质量较好,但是功率分配性能较差。

表 3 - 1　八端柔性直流配电网网络参数

节　点	节点编号	节点下垂曲线死区电压/kV	节点下垂曲线斜率/(V·W⁻¹)	线路	线路长度/km
Bb - B2	1	9.99~10.01	无	1 - 2	1
Bb - B4	2	9.99~10.01	−0.010	2 - 3	16
Bb - A1	3	9.99~10.01	−0.010	3 - 4	10
Bb - D1	5	9.99~10.01	−0.003	4 - 5	15
Bb - B1s	7	9.99~10.01	−0.003	5 - 6	10
Bb - B1	8	9.99~10.01	−0.010	6 - 7	10
Bb - C2	4	9.99~10.01	−0.010	7 - 8	0
Bb - E1	6	9.99~10.01	−0.010	8 - 2	9
				8 - 3	8

因此,必须选取合适的下垂斜率,从而平衡电压质量和功率分配特性,确保系统正常运行。

3.1.1　过程控制模型的潮流分析

以某个调度指令为例对上述系统进行计算,得到在该指令下最终达到的稳态潮流如表 3 - 2 所示。其中,功率为正表示发电,功率为负表示耗电,线路传输功率表示该线路首节点向末节点传输的功率,节点电压偏移为节点电压减去线路基准电压(10 kV)。

调度指令(节点预设功率目标)期望使整个配电网对上级交流电网表现为轻负荷状态,从上级网络吸收少量功率。实际的配电网网络潮流分布如图 3 - 1 所示,可以看出,稳态潮流和调度预期目标存在一定程度上的差异。

表 3 - 2　八端柔性直流配电网网络潮流数据

	节　点　编　号	1	2	3	4
节点数据	下垂斜率/(V·W⁻¹)	无	0.010	0.010	0.010
	功率目标/kW	2 000	−2 000	−6 000	4 000
	实际功率/kW	1 987.937	−2 000	−5 995.319	4 000
	功率偏移/kW	−12.063	0	4.681	0
	实际电压/V	10 000.00	9 994.04	9 943.19	9 992.55
	电压偏移/V	0	−5.96	−56.81	−7.45

（续表）

节点编号		5	6	7	8
节点 数据	下垂斜率/(V·W⁻¹)	0.003	0.01	0.003	0.010
	功率目标/kW	−3 000	4 000	−3 000	4 000
	实际功率/kW	−2 965.485	4 008.429	−2 937.856	3 998.701
	功率偏移/kW	34.515	8.429	62.144	−1.299
	实际电压/V	9 886.45	9 905.71	9 803.57	10 022.99
	电压偏移/V	−113.55	−94.29	−196.43	22.99

线路编号		1-2	2-3	2-8	3-8	3-4
线路 数据	传输功率/kW	1 987.937	1 058.610	−1 071.859	−3 306.155	−1 635.940
	损耗功率/kW	1.186	5.386	3.106	26.534	8.121

线路编号		4-5	5-6	6-7	7-8
线路 数据	传输功率/kW	2 355.939	−634.560	3 372.633	400.000
	损耗功率/kW	25.014	1.236	34.777	0.300

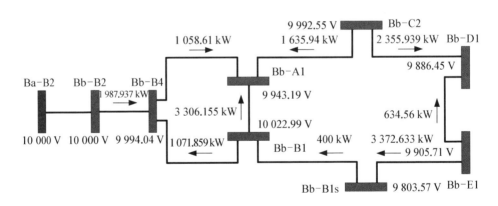

图 3-1　八端柔性直流配电网网络潮流图

　　根据表 3-2 和图 3-1 可以看出，节点 2 和节点 4 的实际功率和调度预期目标相一致，节点 3 和节点 8 的实际功率和调度预期目标相差较小。这是因为：节点 2 与上级交流网络相连，在不超过上级网络支援功率上限的情况下，节点 2 的调度预期目标均可以满足；各个节点的调度目标设置使得网络结构对节点 4 的要求不高，节点 4 处于相对较为独立的状态；节点 8 和节点 3 距离节点 2 较近，上级交流电网在满足节点 2 的调度预期目标后也可以在一定程度上支持节点 8 和节点 3。节点 8 比节点 3 更满足调度预期目标,是因为线路 7-8 之间的潮流控制器使节点 7 向节点 8 恒定传输一定功率,也在一定程度上支持节点 8。节点 5 和节点 7 的实际功率和调度预期目标相差最大,这是因为节点 5 和节点 7 的下垂段斜率设置的比其他所有节点都要小,功率分配能力低于其他节点。

各个节点的实际功率和调度预期目标的相符合程度也部分体现在节点电压偏移上,一般来说,节点电压偏移越多表示实际功率和调度预期目标相差越大,节点电压偏移越小表示实际功率和调度预期目标相差越小。节点 2、节点 3、节点 4 和节点 8 的电压偏移均较小,与前分析结果相符合。而且,相对于实际功率与调度预期目标存在较小误差的节点 3 和节点 8,实际功率与调度预期目标一致的节点 2 和节点 4 的电压偏移更加小。需要注意的是,尽管节点 2 和节点 4 的实际功率与调度预期目标完全一致,但它们的电压偏移却不为 0,这是因为,节点电压与节点功率的变化并不是完全对等,节点功率是由节点电压和网络拓扑、线路电阻共同决定的。所以,节点电压偏移只能部分体现出实际功率和调度预期目标的相符合程度。

线路 3-8、线路 4-5 和线路 6-7 的线路传输功率、线路损耗功率均相对较大,实际运行时更有可能出现线路过载的情况,而其他线路相对而言线路压力则较小。

3.1.2　变流器控制方法对过程控制模型潮流的影响

1) 主从控制与下垂控制对过程控制模型潮流的影响比较

由 3.1.1 节的仿真及分析结果发现,实际的配电网潮流分布和调度指令的期望值存在差异,这是由网络拓扑限制和各节点的下垂特性控制共同造成的。

假设一个柔性直流配电系统的底层变流器控制策略采用的是主从控制方式,即直流配电系统中所有与上级交流系统连接的变流器中,有且仅有一个主变流器控制直流电压,而其他从变流器都运行于直流功率控制方式。由电路原理可知,主变流器处节点电压恒定,各个从变流器处的节点功率需要满足调度目标,但是各个从变流器处的节点功率由网络拓扑结构和节点电压共同决定,网络拓扑结构无法改变,如果节点功率恒定无法改变,则必然有节点电压也无法调节,所以可能会出现从变流器处节点电压过高或过低的现象。一个配电网络的正常运行一般会对所有节点的电压波动有所限制,主从控制方式可能会造成电压波动剧烈,这对于配电网络的正常运行是极其不利的。

将 3.1.1 节所搭建的八端柔性直流配电网中的底层变流器控制策略由下垂控制改为主从控制,将节点 1 处的变流器设为主变流器,采用恒电压控制,其他节点的变流器设为从变流器,采用恒功率控制。调度指令与 3.1.1 节中的调度指令相同,得到在该调度指令下的直流配电网稳态潮流如表 3-3 所示。

表 3-3 八端柔性直流配电网网络潮流数据(主从控制)

	节 点 编 号	1	2	3	4
节点 数据	下垂斜率/(V·W^{-1})	—	—	—	—
	功率目标/kW	2 000	−2 000	−6 000	4 000
	实际功率/kW	2 099.702	−2 000	−6 000	4 000
	功率偏移/kW	99.702	0	0	0
	实际电压/V	10 000.00	9 993.70	9 940.06	9 986.19
	电压偏移/V	0	−6.3	−59.94	−13.81

	节 点 编 号	5	6	7	8
节点 数据	下垂斜率/(V·W^{-1})	—	—	—	—
	功率目标/kW	−3 000	4 000	−3 000	4 000
	实际功率/kW	−3 000	4 000	−3 000	4 000
	功率偏移/kW	0	0	0	0
	实际电压/V	9 875.13	9 892.23	9 788.02	10 021.21
	电压偏移/V	−124.87	−107.77	−211.98	21.21

	线 路 编 号	1-2	2-3	2-8	3-8	3-4
线路 数据	传输功率/kW	2 099.702	1 116.723	−1 018.343	−3 360.945	−1 528.326
	损耗功率/kW	1.323	5.993	2.803	27.438	7.092

	线 路 编 号	4-5	5-6	6-7	7-8
线路 数据	传输功率/kW	2 464.582	−562.827	3 436.198	400.000
	损耗功率/kW	27.409	0.975	36.198	0.301

根据表 3-3 可以看出,所有节点的实际功率和调度预期目标相一致,这是由主从控制策略的恒功率控制本质决定的,主从控制策略的优越性即体现在功率无差调节这方面。

前面分析过,节点功率是由节点电压和网络拓扑、线路电阻共同决定的,节点电压偏移能部分体现出实际功率和调度预期目标的相符合程度。在表 3-3 中,所有节点的实际功率和调度预期目标完全一致,但是各个节点的电压偏移有大有小且不等于 0,其中节点 2、节点 3、节点 4 和节点 8 的电压偏移较小。线路 3-8、线路 4-5 和线路 6-7 的线路传输功率、线路损耗功率均相对较大,实际运行时线路压力较大。

比较 3.1.1 节的下垂控制下的直流配电网稳态潮流和本节主从控制下的直流配电网稳态潮流,可以发现:

(1) 节点 2～节点 7 在主从控制下的电压偏移比下垂控制下的电压偏移大,节点 8 在主从控制下的电压偏移比下垂控制下的电压偏移小。因此,主从控制下的电压偏移整体上比下垂控制下的电压偏移大,这与前面对于主从控制缺陷的分析结果相符合。

(2) 线路 1-2、线路 2-3、线路 3-8、线路 4-5、线路 6-7 和线路 7-8 的线路传输功率/线路损耗功率在主从控制下比在下垂控制下大,线路 2-8、线路 3-4 和线路 5-6 的线路传输功率/线路损耗功率在主从控制下比在下垂控制下小。因此,主从控制下的线路压力整体上比下垂控制下的线路压力大。

2) 下垂特性的调整对过程控制模型潮流的影响

由前述已知,功率-电压下垂特性最关键的是选择下垂段的斜率,如果下垂曲线比较陡,则功率分配特性较好,并且不易发生功率振荡,但是由于电压下降较多,电压质量较差,而直流电压若偏离额定值过大也会造成系统无法稳定运行,下垂曲线陡到无限大时即为主从控制策略中从变流器的恒功率控制;相反,如果下垂曲线比较平缓,则电压质量较好,但是功率分配性能较差。因此,必须选取适合的下垂斜率,从而平衡电压质量和功率分配特性,确保系统正常运行。

(1) 下垂特性向恒功率方向调整(斜率变陡):将八端柔性直流配电网中的底层变流器控制策略的下垂段斜率放大为原值的 2 倍,其他相关网络参数保持不变,调度指令与 3.1.1 节中的调度指令相同,得到在该调度指令下的直流配电网稳态潮流如表 3-4 所示。

表 3-4　八端柔性直流配电网网络潮流数据(下垂特性 2 倍斜率)

	节 点 编 号	1	2	3	4
节点数据	下垂斜率/(V·W⁻¹)	—	0.020	0.020	0.020
	功率目标/kW	2 000	−2 000	−6 000	4 000
	实际功率/kW	2 041.112	−2 000.000	−5 997.585	4 000.024
	功率偏移/kW	41.112	0	2.415	0.024
	实际电压/V	10 000.00	9 993.88	9 941.70	9 989.52
	电压偏移/V	0	−6.12	−58.3	−10.48

（续表）

	节 点 编 号	5	6	7	8
	下垂斜率/(V·W⁻¹)	0.006	0.020	0.006	0.020
	功率目标/kW	−3 000	4 000	−3 000	4 000
节点数据	实际功率/kW	−2 981.844	4 004.536	−2 967.692	3 999.393
	功率偏移/kW	18.156	4.536	32.308	−0.607
	实际电压/V	9 881.06	9 899.29	9 796.15	10 022.15
	电压偏移/V	−118.94	−100.71	−203.85	22.15
	线 路 编 号	1 − 2	2 − 3	2 − 8	3 − 8	3 − 4
线路数据	传输功率/kW	2 041.112	1 086.277	−1 046.415	−3 332.282	−1 584.697
	损耗功率/kW	1.250	5.671	2.960	26.963	7.622
	线 路 编 号	4 − 5	5 − 6	6 − 7	7 − 8
线路数据	传输功率/kW	2 407.704	−600.281	3 403.147	400.000
	损耗功率/kW	26.141	1.107	35.455	0.300

由表 3 - 4 可以看出,节点 2 的实际功率和调度预期目标一致,节点 3、节点 4 和节点 8 的实际功率和调度预期目标相差较小。这是由网络拓扑结构、上级交流电网的支援、潮流控制器的影响共同造成的。这 4 个节点的电压偏移相较而言也较小,部分体现出实际功率和调度预期目标的相符合程度。线路 3 - 8、线路 4 - 5 和线路 6 - 7 的线路传输功率、线路损耗功率均相对较大,实际运行时线路压力较大。

比较原下垂控制下的直流配电网稳态潮流、主从控制下的直流配电网稳态潮流和这里 2 倍斜率下垂控制下的直流配电网稳态潮流,可以发现:从整体上看,2 倍斜率下垂控制下的节点实际功率更加接近调度指令目标。2 倍斜率下垂控制下的电压偏移比原始下垂控制下的电压偏移大,比主从控制下的电压偏移小;2 倍斜率下垂控制下的线路压力比原始下垂控制下的线路压力大,比主从控制下的线路压力小。

进一步放大斜率进行比较,可总结出规律:下垂特性向恒功率方向调整,即下垂段曲线变陡,会使整体的节点实际功率更加接近调度指令目标,但是会令整体的节点电压偏移变大,线路压力也会变大。

（2）下垂特性向恒电压方向调整（斜率变平缓）:以同样的方法将下垂特性的斜率调整为 0.5,计算发现:节点 2 和节点 4 的实际功率和调度预期目标一致,节点 3 和节点 8 的实际功率和调度预期目标相差较小,这 4 个节点的电压偏移相较而言也较小,线路 3-8、线路 4-5 和线路 6-7 的线路传输功率、线路损耗功率均相对较大,实际运行时线路压力较大。整体上说,0.5 倍斜率下垂控制下的节点实际功率更加偏离调度指令目标,0.5 倍斜率下垂控制下的电压偏移比原始下垂控制下的电压偏移小,0.5 倍斜率下垂控制下的线路压力比原始下垂控制下的线路压力小。

进一步减小斜率进行比较,可总结出规律:下垂特性向恒电压方向调整,即下垂段曲线变缓,会使整体的节点实际功率更加偏离调度指令目标,但是会令整体的节点电压偏移变小,线路压力也会变小。当下垂段曲线变缓到一定程度,各个节点电压会越接近同一标准电压,直流配电网稳态潮流会受到较大影响,配电网无法正常运行。

(3) 下垂特性向最优方向调整:假设柔性直流配电网络中 10 kV 母线的允许电压波动范围为 ±1.5%。表 3-1 所示的原始下垂控制下的直流配电网稳态潮流中,节点 5 和节点 7 的实际功率和调度预期目标相差较大,电压偏离也较大但仍未超过允许电压波动范围。根据上述总结的下垂段斜率调整的规律,想要改善节点 5 和节点 7 的运行效果,应该将节点 5 和节点 7 的下垂特性稍向恒功率方向调整。现将节点 5 和节点 7 的下垂段斜率放大为原值的 10 倍,其他相关网络参数全部保持不变。调度指令与 3.1 节中的调度指令相同,得到在该调度指令下的直流配电网稳态潮流如表 3-5 所示。

表 3-5　八端柔性直流配电网网络潮流数据(一次改进斜率)

	节　点　编　号	1	2	3	4
节点数据	下垂斜率/(V·W⁻¹)	—	0.01	0.01	0.01
	功率目标/kW	2 000	−2 000	−6 000	4 000
	实际功率/kW	2 075.215	−2 000.000	−5 995.076	4 000.250
	功率偏移/kW	75.215	0	4.924	0.250
	实际电压/V	10 000.00	9 993.77	9 940.76	9 987.50
	电压偏移/V	0	−6.23	−59.24	−12.50
	节　点　编　号	5	6	7	8
节点数据	下垂斜率/(V·W⁻¹)	0.03	0.01	0.03	0.01
	功率目标/kW	−3 000	4 000	−3 000	4 000
	实际功率/kW	−2 996.246	4 009.503	−2 993.366	3 998.840
	功率偏移/kW	3.754	9.503	6.634	−1.160
	实际电压/V	9 877.38	9 894.97	9 790.99	10 021.60
	电压偏移/V	−122.62	−105.03	−209.01	21.60

（续表）

线路编号	1-2	2-3	2-8	3-8	3-4
线路数据 传输功率/kW	2 075.215	1 103.784	−1 029.861	−3 348.305	−1 548.842
损耗功率/kW	1.292	5.855	2.867	27.228	7.283

线路编号	4-5	5-6	6-7	7-8
线路数据 传输功率/kW	2 444.125	−579.07	3 429.402	400.000
损耗功率/kW	26.949	1.031	36.035	0.300

根据表3-5可以看出：节点5、节点6和节点7的电压偏离超过了允许电压波动范围，需要适当地缩小下垂段斜率；其他节点的电压偏离远小于允许电压波动范围，为了使节点功率更加接近调度指令目标，可适当地放大下垂段斜率。

根据由表3-5得到的优化方向，再次对所有节点的下垂特性进行调整，可得到一个新的配电网稳态潮流，再继续分析新潮流得到新的优化方向，重复这些步骤，最终得到了一个运行效果相对较好的直流配电网络稳态潮流，如表3-6所示。

表3-6　八端柔性直流配电网网络潮流数据(多次改进斜率)

节点编号	1	2	3	4
节点数据 下垂斜率/(V·W⁻¹)	—	0.010 0	500.000 0	8.000 0
功率目标/kW	2 000	−2 000	−6 000	4 000
实际功率/kW	1 652.240	−2 000.000	−6 000.000	4 000.000
功率偏移/kW	−347.760	0	0	0
实际电压/V	10 000.00	9 995.04	9 952.53	10 012.02
电压偏移/V	0	−4.96	−47.47	12.02

节点编号	5	6	7	8
节点数据 下垂斜率/(V·W⁻¹)	0.015 0	0.100 0	0.000 3	50.000 0
功率目标/kW	−3 000	4 000	−3 000	4 000
实际功率/kW	−2 995.432	4 000.383	−2 571.016	4 000.000
功率偏移/kW	4.568	0.383	428.984	0
实际电压/V	9 921.48	9 951.69	9 861.3	10 028.37
电压偏移/V	−78.52	−48.31	−138.70	28.37

（续表）

	线　路　编　号	1-2	2-3	2-8	3-8	3-4
线路 数据	传输功率/kW	1 652.240	885.188	-1 233.767	-3 144.931	-1 973.645
	损耗功率/kW	0.819	3.765	4.114	23.964	11.798

	线　路　编　号	4-5	5-6	6-7	7-8
线路 数据	传输功率/kW	2 014.557	-999.094	2 998.247	400.000
	损耗功率/kW	18.219	3.042	27.231	0.296

根据表3-6可以看出：节点2、节点3、节点4和节点8的实际功率和调度预期目标一致,并且电压偏离也较小未超过允许电压波动范围;节点5和节点6的实际功率和调度预期目标相差较小,电压偏离未超过允许电压波动范围;节点7的电压偏离较大但仍未超过允许电压波动范围,节点7的实际功率和调度预期目标相差很大,超过10%。

由表3-3所示的主从控制下配电网潮流分布可知,该情况下,网络拓扑结构和调度指令造成了节点7的初始电压偏离会很大,超过了标准电压2%。表3-6中选择了以牺牲节点7的一部分功率的方式保证了节点7的电压偏离小于1.5%。这种方式在仿真上可行,但对于实际如果存在这种情况的柔性直流配电网,会极大地影响节点7的用户用电情况,除非将节点7设置为灵活性可调负荷,如充电站。所以,此部分只是以1.5%电压波动限制为例,示范了如何优化整个直流配电网络所有节点的下垂特性,从而使得所有节点在电压不超过允许电压波动范围的前提下,实际功率尽量接近调度指令目标。实际交流系统的电压波动限制一般超过1.5%,而且柔性直流配电网规划时一般不会允许某个节点因网络拓扑造成的固有电压偏离过大。

3.2　直流配电网的牛顿法潮流

3.2.1　直流配电网潮流基本流程

对于一个 n 节点的直流电网,假定从节点流入电网为正方向。以如图3-2所示放射状结构为例,直流电网的节点电流向量为 I,节点电压向量为 V,电导矩阵为 Y。

类似于交流电网的导纳矩阵,电导矩阵计算方法如下：

$$Y_{ij} = -y_{ij}, \quad Y_{ii} = \sum_{j=1, j \neq i}^{n} y_{ij} \qquad (3-1)$$

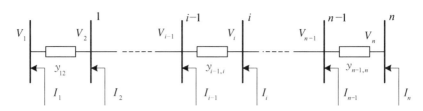

图 3-2 n 节点直流配电网

式中：y_{ij} 为线路 $i-j$ 的直流电导。

节点 i 注入电网的电流 I_i 可表示为

$$I_i = \sum_{j=1,\ j\neq i}^{n} y_{ij}(V_i - V_j) = \sum_{j=1}^{n} Y_{ij} V_j \tag{3-2}$$

从节点 i 流入直流电网的功率 P_i 可用下式表示：

$$P_i = V_i I_i = V_i \sum_{j=1}^{n} Y_{ij} V_j \tag{3-3}$$

定义矩阵为

$$\boldsymbol{V}_{\text{diag}} = \text{diag}(V_1,\ V_2,\ \cdots,\ V_n) \tag{3-4}$$

直流电网的功率方程可以表示为

$$\boldsymbol{P} = \boldsymbol{V}_{\text{diag}} \boldsymbol{Y} \boldsymbol{V} \tag{3-5}$$

即

$$\boldsymbol{P} - \boldsymbol{V}_{\text{diag}} \boldsymbol{Y} \boldsymbol{V} = \boldsymbol{0} \tag{3-6}$$

可以看出，该直流配电网中，每个节点只有两个变量，电压幅值 V_i 和有功功率 P_i，因此对于 n 节点直流电网，一共有 n 个方程，每个节点需要有一个已知变量。因此，直流电网仅包含两种节点类型，即 P 节点和 V 节点，共有 n 个待求未知量。

针对式（3-6）所表示的非线性代数方程组，可以仿照交流电网潮流求解，采用牛顿-拉弗森法求解。

令

$$\boldsymbol{f} = \boldsymbol{P} - \boldsymbol{V}_{\text{diag}} \boldsymbol{Y} \boldsymbol{V} \tag{3-7}$$

设待求量为节点电压向量 $\boldsymbol{V}$，于是针对非线性代数方程组：

$$\boldsymbol{f} = \boldsymbol{0} \tag{3-8}$$

雅可比矩阵 $\boldsymbol{J}$ 可以表示为

$$J = \begin{bmatrix} \dfrac{\partial f_1}{\partial V_1} & \dfrac{\partial f_1}{\partial V_2} & \cdots & \dfrac{\partial f_1}{\partial V_n} \\[2mm] \dfrac{\partial f_2}{\partial V_1} & \dfrac{\partial f_2}{\partial V_2} & \cdots & \dfrac{\partial f_2}{\partial V_n} \\[2mm] \vdots & \vdots & & \vdots \\[2mm] \dfrac{\partial f_n}{\partial V_1} & \dfrac{\partial f_n}{\partial V_2} & \cdots & \dfrac{\partial f_n}{\partial V_n} \end{bmatrix} \qquad (3-9)$$

式中：对角线元素为 $\dfrac{\partial f_i}{\partial V_i} = -V_i Y_{ii} - \sum\limits_{j=1}^{n} V_j Y_{ij}$；非对角线元素为 $\dfrac{\partial f_i}{\partial V_j} = -V_i Y_{ij}$。

　　迭代求解过程如图 3 - 3 所示。根据上述流程编写 MATLAB 程序计算直流潮流发现迭代时间与系统节点个数存在以下关系：随着节点数的增加，迭代时间与节点数基本呈二次相关，这主要是由于雅可比矩阵的元素个数是 n^2，计算雅可比矩阵的时间与节点数平方成正比，造成迭代时间与节点数二次相关。

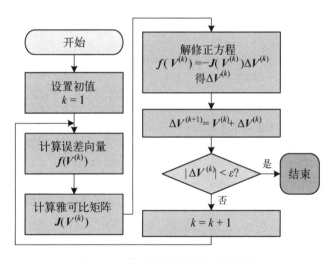

图 3 - 3　直流配电网潮流求解流程

3.2.2　考虑下垂特性影响的配电网潮流

　　以上给出了最基本的直流配电网潮流计算公式，其中不包含下垂控制的影响。如果考虑下垂特性控制，需要对牛顿-拉弗森法计算程序进行修正：在计算第 $k+1$ 次的功率差向量 $f(V^{(k+1)})$ 之前，根据第 k 次的迭代结果 $V^{(k)}$ 进行下垂功率偏移量修正。求解过程如图 3 - 4 所示。

　　对于功率控制要求较高的直流配电网，可以引入潮流控制装置对线路潮流进行有效控制。常用的潮流控制器装置主要有变电压式、变电阻式和 DC - DC 变换

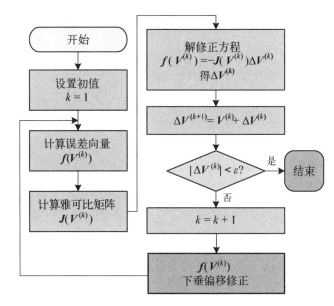

图 3-4　考虑下垂控制的直流配电网潮流求解流程

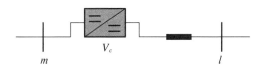

图 3-5　直流潮流控制器接入系统图

器。这里以基于 DC-DC 变换器的潮流控制器为例,研究其对直流配电网潮流特性的影响。该潮流控制器接入直流配电网的示意图如图 3-5 所示。

在图 3-5 中,当 m、l 节点 $(0 \leqslant m$, $l \leqslant n-1)$ 间串联直流潮流控制器时,设定潮流控制器安装于 m 节点出口处,潮流控制器出口电压为 V'_m,潮流控制器的两端电压为 V_c。则 m 节点电压 V_m 和潮流控制器出口电压 V'_m 的关系为

$$V'_m = V_m - V_c \tag{3-10}$$

对于式(3-10),可以通过调节 V_c 来使得线路 $m-l$ 的潮流满足控制需求,具体的 V_c 由潮流计算结果给出。对于该潮流控制器的具体控制策略及调制过程,这里不进行赘述。

对于一个 n 节点的直流配电网,设其节点电压向量和电流向量分别为 $\boldsymbol{V} = [V_0, V_1, \cdots, V_{n-1}]^{\mathrm{T}}$、$\boldsymbol{I} = [I_0, I_1, \cdots, I_{n-1}]^{\mathrm{T}}$,设 0 号节点为平衡节点,节点电导矩阵为 $\boldsymbol{G}$,则有 $\boldsymbol{I} = \boldsymbol{GV}$。其中:

$$\boldsymbol{G} = \begin{bmatrix} G_{11} & G_{12} & \cdots & G_{1n} \\ G_{21} & G_{22} & \cdots & G_{2n} \\ \vdots & \vdots & & \vdots \\ G_{n1} & G_{n2} & \cdots & G_{nn} \end{bmatrix} \tag{3-11}$$

对角元素 G_{ii} 为节点的自电导,非对角元素 $G_{ij} = G_{ji}$ 为节点的互电导。设该直流配电网的节点功率向量为 $\boldsymbol{P} = [P_0, P_1, \cdots, P_{n-1}]^T$,有

$$\boldsymbol{P} = \begin{bmatrix} \boldsymbol{V}_0 \boldsymbol{I}_0 \\ \boldsymbol{V}_1 \boldsymbol{I}_1 \\ \vdots \\ \boldsymbol{V}_{n-1} \boldsymbol{I}_{n-1} \end{bmatrix} = \begin{bmatrix} V_0 & 0 & \cdots & 0 \\ 0 & V_1 & \cdots & 0 \\ \vdots & \vdots & & \vdots \\ 0 & 0 & \cdots & V_{n-1} \end{bmatrix} \begin{bmatrix} I_0 \\ I_1 \\ \vdots \\ I_{n-1} \end{bmatrix} \qquad (3-12)$$

显然,在安装潮流控制器后,m、l 节点的功率方程与原来式(3-12)中不同,需要进行修正。m、l 节点功率修正方程为

$$\begin{cases} P_l = V_l \displaystyle\sum_{j=0, j \neq m}^{n-1} V_j G_{kj} + V_l V'_m G_{lm} = V_l \displaystyle\sum_{j=0}^{n-1} V_j G_{lj} - V_l V_c G_{lm} \\ P_m = V_m \displaystyle\sum_{j=0, j \neq l}^{n-1} V_j G_{mj} + V'_m V_l G_{ml} = V_m \displaystyle\sum_{j=0}^{n-1} V_j G_{mj} - V_l V_c G_{ml} \end{cases} \qquad (3-13)$$

线路 $m-l$ 上的功率 P_{ml} 为

$$P_{ml} = V_m (V_m - V_c - V_l) G_{ml} \qquad (3-14)$$

因此,修正后的直流配电网功率方程为

$$\begin{cases} P_i = V_i \displaystyle\sum_{j=0}^{n-1} V_j G_{ij}, \quad i \neq m, l \\ P_l = V_l \displaystyle\sum_{j=0}^{n-1} V_j G_{lj} - V_l V_c G_{lm} \\ P_m = V_m \displaystyle\sum_{j=0}^{n-1} V_j G_{mj} - V_l V_c G_{ml} \\ P_{ml} = V_m (V_m - V_c - V_l) G_{ml} \end{cases} \qquad (3-15)$$

另外,对于每个节点,其下垂特性所决定的电压-功率关系可以表示为

$$P_i = f_i(V_i) \qquad (3-16)$$

式中:$f_i(V)$ 为第 i 个节点的电压-功率下垂特性函数。对于单独的源或者荷接入节点,$f_i(V)$ 即为简单的下垂控制曲线,是简单的分段函数;而对于多源荷接入的节点,其应具有多个分段区间。

因此,可以看出直流配电网的最终运行点应由配电网络的潮流方程(3-15)和节点的下垂特性函数式(3-16)共同决定,通过求解上面两式的联立方程组,可以得到含下垂特性的直流配电网潮流结果。在进行潮流方程求解时,已知方程为节点功率方程、潮流控制线路功率方程和下垂特性控制节点功率-电压方程,已知量

为平衡节点电压、恒功率控制节点功率和潮流控制线路功率,未知量为平衡节点功率、恒功率控制节点电压、潮流控制器控制电压,以及下垂特性控制节点功率和电压。

在计算过程中,设 k 为迭代计算的次数,则包括线路 m - l 功率在内的功率残差 $\Delta P'_{n \times 1}$ 满足:

$$\begin{cases} \Delta P_i^{(k)} = P_{i\_ref} - V_i^{(k)} \sum_{j=0}^{n-1} V_j^{(k)} G_{ij} \\ \Delta P_l^{(k)} = P_{l\_ref} - V_l^{(k)} \sum_{j=0}^{n-1} V_j^{(k)} G_{lj} + V_l^{(k)} V_c^{(k)} G_{lm} \\ \Delta P_m^{(k)} = P_{m\_ref} - V_m^{(k)} \sum_{j=0}^{n-1} V_j^{(k)} G_{mj} + V_l^{(k)} V_c^{(k)} G_{lm} \\ \Delta P_{ml}^{(k)} = P_{ml\_ref} - V_m^{(k)} (V_m^{(k)} - V_c^{(k)} - V_l^{(k)}) G_{ml} \end{cases} , i \neq 0, m, k \quad (3-17)$$

$$\Delta \boldsymbol{P}'^{(k)} = \begin{bmatrix} \Delta P_{(n-1) \times 1}^{(k)} \\ \Delta P_{ml}^{(k)} \end{bmatrix} = -\boldsymbol{J}^{(k)} \Delta \boldsymbol{V}'^{(k)} = -\boldsymbol{J}^{(k)} \begin{bmatrix} \Delta V_{(n-1) \times 1}^{(k)} \\ \Delta V_c^{(k)} \end{bmatrix} \quad (3-18)$$

式中:$\boldsymbol{P}_{(n-1) \times 1}$ 和 $\boldsymbol{V}_{(n-1) \times 1}$ 为除去平衡节点 0 的节点功率和电压向量;$\boldsymbol{V}'_{(n-1) \times 1}$ 为包括潮流控制器控制电压的电压向量;$\boldsymbol{J}$ 为雅可比矩阵。

式(3-18)中的雅可比矩阵 $\boldsymbol{J}$ 为

$$\boldsymbol{J} = \begin{bmatrix} H_{(n-1) \times (n-1)} & 0_{(n-1) \times 1} \\ L_{1 \times (n-1)} & \dfrac{\partial \Delta P_{ml}}{\partial V_c} \end{bmatrix}_{n \times n} \quad (3-19)$$

其中,H、L 满足 $H_{ij} = \dfrac{\partial \Delta P_i}{\partial V_j}$、$L_{ij} = \dfrac{\partial \Delta P_{ml}}{\partial V_j}$。

修正后的电压为

$$V^{(k+1)} = V^{(k)} + \Delta V^{(k)} \quad (3-20)$$

对于如式(3-17)、式(3-18)所示的潮流方程,每次迭代计算完成后需要应用下垂特性函数式(3-19)更新功率参考值,直至最后计算结果收敛。在得出潮流计算结果后,可以进行节点下垂特性的二次调节,在变流器下垂特性二次调节的能力范围内缓解电压偏差,并且还可以考虑附加下垂参数变化(三次调节)。因此,可以得到如图 3-6 所示的潮流求解流程。图中分为基础调节①、二次调节②和三次调节③三个部分。

前面所述的含下垂特性的直流配电网潮流方程及其算法,其所求解出来的节点功率和电压直接与节点的下垂特性相关,因此实际计算的最终功率可能无法最后与调度需求一致。

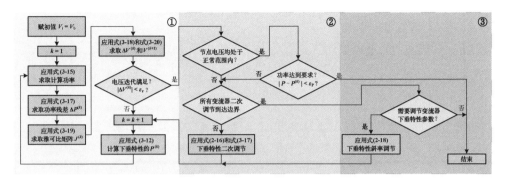

图 3 - 6　含下垂控制的直流配电网潮流计算流程

对于一个含有 n 个节点的柔性直流配电网,其中的线路传输功率可以直接由首末端的节点电压求得。设一条线路的首末端节点分别为 i、j,该条线路的电阻为 r_{ij},首末端节点电压分别为 V_i 和 V_j,则可以得到节点 i 向节点 j 输送的功率 P_{ij} 为:

$$P_{ij} = V_i \frac{V_i - V_j}{r_{ij}} \qquad (3-21)$$

对于式(3-21),显然首末端的节点 i 和 j 的运行点可以由潮流计算得出,因此节点电压 V_i 和 V_j 与节点的下垂特性控制直接相关。

在节点 i 和 j 的节点给定功率 P_i 和 P_j 不变时,即下垂特性电压死区对应功率不变时,节点 i 和 j 的下垂特性的斜率 k_i 和 k_j 的调整必然会影响到线路的传输功率。因此,从另一方面看,如果潮流无法满足功率要求,可以通过调节变流器下垂特性的斜率来实现。

在实际变流器运行中,通常下垂特性的斜率固化在变流器控制算法当中,虽然作为一个整定参数可以对它进行设置,但是由于变流器电力电子开关特性的影响,在变流器运行过程中对下垂特性斜率参数的改变,不可避免地会带来一个不可预知的电磁暂态过程。因此,对于下垂特性斜率参数的变动问题,应该深入研究系统电磁暂态过程后才能给出合适的建议。

以图 1-19 所示的系统为例,基于上述直流配电网潮流计算方法,通过三个算例分别研究和验证:① 潮流控制器对含下垂控制特性的直流配电网的影响;② 二次调节对直流配电网运行状态的调节作用;③ 三次调节对直流配电网运行状态的调节作用。在具体的算例中,节点的下垂特性采用带电压死区的下垂特性,电压运行的正常偏差范围为 $\pm3\%$,电压死区范围为 $\pm1.5\%$。

(1)在算例一中,直流配电网的负荷程度较轻,所有的节点均处于正常运行状态,潮流控制器控制参数分别为 0.4 MW 和 0.8 MW,所得的计算结果如表 3-7 所示。其中,功率为正表示发电,功率为负表示用电。

表 3 - 7　算例一计算结果

	节点编号	预设功率/kW	实际功率/kW	实际电压/V	电压偏移/V	线路	传输功率/kW	损耗功率/kW
轻负荷	1	—	2 079.396	10 000.00	0	1 - 2	2 079.396	1.297
	2	-2 000	-2 000.000	9 993.76	-6.24	2 - 3	1 106.216	5.881
	3	-6 000	-6 000.000	9 940.63	-59.37	3 - 4	-1 548.511	7.279
	5	-3 000	-3 000.000	9 877.23	-122.77	4 - 5	2 444.208	26.951
	7	-3 000	-2 980.453	9 791.36	-208.64	5 - 6	-582.743	1.044
	8	4 000	4 000.000	10 021.54	21.54	6 - 7	3 416.212	35.758
潮流控制器参数 0.4 MW	4	4 000	4 000.000	9 987.36	-12.64	7 - 8	4 000.000	0
	6	4 000	4 000.000	9 894.93	-105.07	2 - 8	-1 028.117	2.857
	—	—	—	—	—	3 - 8	-3 351.152	27.275
轻负荷	1	—	2 064.162	10 000.00	0	1 - 2	2 064.162	1.278
	2	-2 000	-2 000.000	9 993.81	-6.19	2 - 3	1 198.261	6.901
	3	-6 000	-6 000.000	9 936.26	-63.74	3 - 4	-1 155.975	4.060
	5	-3 000	-2 997.663	9 842.99	-157.01	4 - 5	2 839.965	36.505
	7	-3 000	-2 960.994	9 732.98	-267.02	5 - 6	-194.203	0.117
	8	4 000	4 000.000	10 024.48	24.48	6 - 7	3 805.790	44.796
潮流控制器参数 0.8 MW	4	4 000	4 000.000	9 971.16	-28.84	7 - 8	8 000.000	0
	6	4 000	4 000.109	9 848.91	-151.09	2 - 8	-1 135.377	3.485
	—	—	—	—	—	3 - 8	-3 652.665	32.433

由于下垂控制的特性,稳态潮流和调度预期目标存在一定程度上的差异。在潮流控制器参数为 0.4 MW 的情况中,节点 2、节点 3、节点 4、节点 5、节点 6、节点 8 的最终功率均和节点的功率预设值相同,说明最终仍运行于电压死区内。而节点 7 的最终功率分别为 −2 980.453 kW,与预设值有一定的差异,这是因为其通过节点变流器的下垂特性调节,实际的运行点已经超出死区;另外,线路 7 - 8 的传输功率为 0.4 MW,达到了线路潮流控制的预期目标。在潮流控制器参数为 0.8 MW 的情况中,相比于潮流控制参数 0.4 MW 的情况,除平衡节点外,所有节点的电压均发生了一定的调整,但仍处于正常运行范围;节点 5 的最终功率变为 −2 997.663 kW,与设定值存在偏差,可见此时节点 5 的运行点超出死区,此时潮流控制器也达到了潮流控制目标。从上述结果可以看出,直流配电网中的潮流控制器可以在配电网系统的正常运行范围内,对直流配电网络的潮流实施有效的控制。

（2）在算例二中,直流配电网的负荷程度相对较高,节点 2 和节点 7 的功率设定值分别变为 −3 MW 和 −4 MW,部分节点出现电压越限。通过下垂特性的二次调节可以缓解电压偏差,从而使节点运行于正常范围内。

算例二的二次调节前和二次调节后的潮流计算结果如表 3 - 8 所示。在重负荷的计算结果中,在变流器二次调节之前,可以看到,节点 7 的实际节点电压为 9 626.90 V,节点电压偏移为 −373.10 V,超出了正常运行范围,可能会影响到其所接负荷的正常运行,因此需要对其进行调节。经过二次调节之后,节点 7 的运行电压变为 9 850 V,节点电压偏移为 −150.00 V,满足节点正常的电压运行范围要求。这时包括节点 7 在内的所有节点的电压偏差均发生了调整,但仍运行于正常范围内,可以保证直流配电网的正常运行。从二次调节前后的结果中可以看出,当负荷变化导致节点电压偏离正常运行范围时,可以在二次调节的范围内,通过变流器下垂特性的二次调节使其回到正常运行状态,以满足直流配电网的正常运行要求。

（3）在算例三中采用算例二的重负荷情况来验证三次调节对功率偏差的调节作用,潮流计算的结果如表 3 - 9 所示。三次调节前节点 5、节点 7 的实际功率分别为 −2 974.513 kW 和 −3 925.633 kW,节点的给定功率偏差分别为 25.487 kW 和 74.367 kW。现在由于节点 5 和节点 7 的功率需求较高,因此需要进行三次调节以减小功率偏差。在进行变流器下垂特性的三次调节后,节点 5、节点 7 的实际功率调整 −2 999.568 kW 和 −3 999.208 kW,功率偏差分别减小为 0.432 kW 和 0.792 kW。节点 5 变流器下垂特性曲线的斜率由 −0.003 变为 −0.200,节点 7 变流器下垂特性曲线的斜率由 −0.003 变为 −0.300。

在表 3 - 9 中节点 5 和节点 7 为了减小功率偏差,调整其变流器下垂特性曲线的斜率,导致其电压偏差相比算例一中的计算结果进一步增加。可以看出,在某些运行需求下,为了减小功率控制的偏差,可以适当增大节点电压的运行范围以提高

表 3 - 8 算例二计算结果

重负荷	节点编号	预设功率/kW	实际功率/kW	实际电压/V	电压偏移/V	线路	传输功率/kW	损耗功率/kW
	1	—	4 052.768	10 000.00	0	1 - 2	4 052.769	4.927
	2	−3 000	−3 000.000	9 987.84	−12.16	2 - 3	1 608.630	12.451
	3	−6 000	−6 000.000	9 910.53	−89.47	3 - 4	−585.460	1.047
	5	−3 000	−2 974.513	9 773.54	−226.46	4 - 5	3 413.493	53.194
二次调节前	7	−4 000	−3 925.633	9 626.90	−373.10	5 - 6	385.768	0.467
	8	4 000	4 000.000	10 003.00	3.00	6 - 7	4 386.201	60.569
	4	4 000	4 000.000	9 928.26	−71.74	7 - 8	4 000.000	0
	6	4 000	4 000.883	9 761.70	−238.30	2 - 8	−560.788	0.851
	—	—	—			3 - 8	−3 818.361	35.626
	1	—	4 001.930	10 000.00	0	1 - 2	4 001.930	4.805
	2	−3 000	−3 000.000	9 987.99	−12.01	2 - 3	1 582.371	12.048
	3	−6 000	−5 998.695	9 911.95	−88.05	3 - 4	−634.336	1.229
	5	−3 000	−2 951.233	9 778.70	−221.30	4 - 5	3 364.435	51.646
二次调节后	7	−4 000	−3 902.870	9 850.00	−150.00	5 - 6	361.556	0.410
	8	4 000	4 000.000	10 003.81	3.81	6 - 7	4 362.720	59.849
	4	4 000	4 000.000	9 931.15	−68.85	7 - 8	4 000.000	0
	6	4 000	4 001.574	9 767.61	−232.39	2 - 8	−585.245	0.927
	—	—	—			3 - 8	−3 794.035	35.164

表 3 - 9　算例三计算结果

	节点编号	预设功率/kW	实际功率/kW	实际电压/V	电压偏移/V	线路	传输功率/kW	损耗功率/kW
重负荷	1	—	4 148.651	10 000.00	0	1 - 2	4 148.651	5.163
	2	-3 000	-3 000.000	9 987.55	-12.45	2 - 3	1 658.171	13.231
	3	-6 000	-6 000.000	9 907.86	-92.14	3 - 4	-490.778	0.736
	5	-3 000	-2 999.568	9 763.61	-236.39	4 - 5	3 508.486	56.259
	7	-4 000	-3 999.208	9 612.40	-387.60	5 - 6	-452.659	0.645
	8	4 000	4 000.000	10 001.47	1.47	6 - 7	4 462.044	62.836
附加下垂斜率调节	4	4 000	4 000.000	9 922.72	-77.28	7 - 8	4 000.000	0
	6	4 000	4 010.030	9 749.70	-250.30	2 - 8	-514.684	0.717
	—	—	—	—	—	3 - 8	-3 864.281	36.508

运行功率的可控性。此外,算例三中节点 5 和节点 7 的电压偏差分别为 -236.39 V 和 -387.6 V,在两个节点的下垂曲线"变陡"之前,算例二中电压偏差分别为 -226.46 V 和 -373.10 V。可以看出下垂曲线斜率越小则具有更小的电压偏离。因此,考虑新能源出力和负荷情况的波动性,为满足节点的正常电压运行范围,新能源节点和负荷节点的下垂曲线斜率应该尽量平坦。

从以上算例中还可以看出,潮流算法与前面提出的过程控制模型的计算结果高度吻合,只是在过程控制模型中的潮流控制器考虑了功率变换效率。

3.3 柔性直流配电网稳态运行裕度

3.3.1 电压裕度

直流配电网电压裕度是一个给定的常数,用来约束配电网中各个节点直流电压的运行范围,一般情况下,设定值为直流配电网额定电压的 3%~5%,一般可以表示为 $\pm \varepsilon_m V_B$。

设定直流配电网电压裕度的目的是限制直流配电网运行电压过高或过低,因为直流配电网的传输功率完全依赖于电压,因此电压的变化直接反映了直流配电网中功率的变化,限制运行电压的范围能够防止功率较大的波动,同时避免因电压过低或过高导致的网络崩溃。因此,保证直流配电网各个电压运行在电压裕度之内是电压控制的主要内容。

如前所述,直流配电网应具备一个用于未知系统电压的主变流器,当主变流器退出运行时,具有模式切换能力的备用主站检测到直流电压超出预设范围后,自动切换为主控站而无需站间通信,上述控制过程称为电压裕度控制,也称为直流电压偏差控制。但因暂态事件引起的电压波动可能会导致变流器主从切换的误操作,而且模式切换过程的延时会对系统造成影响。当系统存在多个可用于模式切换的变流器时,各变流器将根据优先级决定切换模式的顺序,但是存在着多个变流器的电压裕度选取困难的问题。

相关的柔性直流配电网电压协同控制方法主要参考柔性直流输电中的电压控制方法,其中适用于柔性直流配电网的电压控制方法主要有三种:主从控制方式、电压下垂控制方式和电压裕度控制方式。三种控制方法的控制特点及优劣对比如表 3-10 所示。

在直流配电网中源网荷的种类繁多,配电网线路错综复杂,各类故障的产生需要控制系统根据实时变化的拓扑修改相应关键设备的控制,对于多端复杂的直流配电网,主从控制不够灵活。

表 3‑10　典型控制模式比较

	是否需要通信	电压质量	控制可靠性	经济性	扩 展 性
主从控制	是	好(由于通信的存在,系统电压质量较高,若通信崩溃,系统的电压靠主站维持)	高(主要依赖于通信的可靠性、电压调节性能和负荷分配特性都具有良好的刚性)	高(相比其他两种方式,主要多了站间通信的成本)	较好(新增的换流设备不会对现有换流器的控制造成影响,可直接工作于定功率模式,但对系统原有的运行方式产生影响)
下垂控制	否	一般(与换流器所选下垂曲线斜率有关,不恰当的斜率会导致功率振荡,并且运行点通常偏离额定运行点)	高(系统变化时可以在下垂曲线上快速找到新的稳定运行点,在失去通信时也能正常工作,但单个换流器无法实现恒定功率或恒定电流的控制)	中	好(设定好新增换流器的下垂斜率即可工作)
电压裕度控制	否	一般(与换流器所选的电压裕度有关,不恰当的裕度会导致系统电压振荡)	中(由暂态事件引起的电压波动可能会导致换流器主从切换的误操作,而且模式切换过程的延时会对系统造成影响)	中	差(随着换流器的增多,电压偏差的选取愈发困难)

对于电压下垂控制,所有与交流系统连接的换流器,其直流侧都工作于电压源方式,直流输出电压随输出电流的增加而降低,从而保证多端系统的稳定运行。采用电压下垂控制方式,系统稳定运行时不需要上层控制器进行整定值协调,暂时失去通信也不影响系统运行,系统扩展灵活。虽然下垂控制方式具有稳态电压与额定值之间存在偏差,以及单个换流器无法实现恒定功率或恒定电流的控制的缺陷,但在下垂曲线斜率合理的范围内,系统电压质量和功率仍然具有良好的控制效果。在多端柔性直流配电网中,下垂控制方式可以灵活地并网、离网和分网运行,对系统拓扑结构的变化具有很强的抗干扰能力,并且系统控制方法具有较强的可移植性,很好地适应了多端柔性直流配电网的特点。

3.3.2　功率裕度

设直流配电网一条线路的首末端节点分别为 i、j,该条线路的电阻为 r_{ij},首末端节点电压分别为 V_i 和 V_j,则节点 i 向节点 j 输送的功率可以由式(3‑21)求得。考虑到电压裕度,可以求得节点 i 向节点 j 输送的最大功率 $P_{ij\max}$ 由式(3‑22)确定。

$$P_{ij\max} = V_{i\max} \cdot \frac{V_{i\max} - V_{j\min}}{r_{ij}}$$

$$= (V_B + \varepsilon_m V_B) \cdot \frac{(V_B + \varepsilon_m V_B) - (V_B - \varepsilon_m V_B)}{r_{ij}} \qquad (3-22)$$

$$= \frac{2V_B^2}{r_{ij}}(\varepsilon_m + \varepsilon_m^2)$$

定义直流配电网某条支路的功率裕度如式(3-23)所示。

$$K_{M\_ij} = 1 - \frac{P_{ij}}{P_{ij\max}} \qquad (3-23)$$

功率裕度 K_{M_ij} 表示了直流配电网每条运行线路功率接近最大传输功率的程度,K_{M_ij} 越接近 0,说明该线路的功率裕度越小,它能够增加的输送功率越小。显然,在一个直流配电网给定了电压裕度的情况下,每条线路的最大输送功率就能够确定下来,这可以作为调度中心控制直流配电网运行的约束之一,可以快速有效地判断网络的运行状况和运行边界。

3.4 直流配电网故障运行控制

3.4.1 直流配电网故障机理及特性

在直流侧故障下的系统保护及恢复运行能力是评价中压直流配电网性能的重要指标之一,相比于交流系统,直流系统的阻尼较低,响应时间常数较小,故障发展较快,因此对于直流侧故障的清除难度更大。而且由于基于 VSC 的直流系统的拓扑结构存在固有缺陷,当发生直流侧故障时,即使闭锁换流器,交流系统依然能够通过不控整流桥向短路点提供短路电流。直流侧故障不仅会对直流系统本身有影响,而且也对所连交流系统有影响,相当于发生三相交流短路故障。特别是对于多端直流系统,单点直流短路故障等效于同时发生多点的三相交流短路故障,严重影响混联电网的安全稳定运行。

直流侧故障主要包括单极接地故障及双极短路故障。在直流单极接地故障的情况下,主要充放电过程发生在直流线路的对地分布式电容中,换流器内子模块电容电压仍可继续维持,在故障持续过程中,系统响应与不接地时类似,换流器内直流侧两极对地电位出现直流偏置,导致换流器出口相电压中出现同样的直流分量,但线电压不受影响,短路期间系统传输功率基本维持在稳态值,仅在故障初期有小幅波动。因此,在接地方式选择合理的情况下,中压直流互联系统在单极短路故障下仍能短时运行,提高了系统的可靠性。直流线路一旦发生双极短路故障,即使半桥结构的 MMC 换流器紧急闭锁,子模块电容不能向短路点提供短路电流,但交流系统通过反并联的二极管也可为短路点提供短路电流,相当于发生三相交流短路故障,短路电流不能自然过零,这也是直流断路器需要攻克的难点。特别是对于多端直流配电网,单点直流短路故障等效于同时发生多点的三相交流短路故障,严重影响交直流配电网的安全稳定运行。

目前,有三种途径清除直流线路双极短路故障。

1) 利用交流断路器切断直流侧故障的故障电流

由于换流站交流侧配备交流断路器,利用交流断路器切断故障电流比较经济。对于多端柔性直流系统,在无通信的情况下,如何定位故障线路、切除故障线路恢复多端柔性直流系统正常运行是一个难点,其中"握手原则",可以实现无通信情况下的分散控制,利用交流断路器隔离故障,利用直流隔离开关隔离故障线路,同时可以实现故障隔离后的系统恢复。

"握手原则"如图 3 - 7 所示,每个 VSC 交流侧配备交流断路器,直流线路两端配备直流隔离开关,三端 VSC 之间没有通信,一旦发生直流线路双极短路故障,如图 3 - 7(a)中的 F 点,系统内线路电流均会增大,每个 VSC 换流站监测与本站相

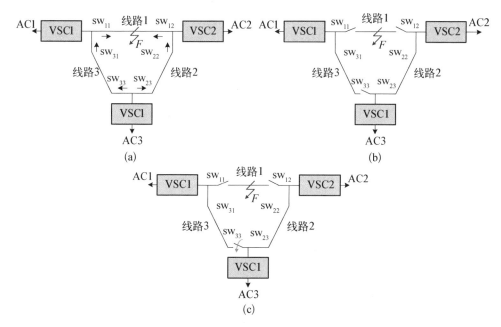

图 3 - 7　"握手原则"示意图

(a) 直流线路双极短路故障示意图;(b) 直流隔离开关隔离线路电流增加最大的线路示意图;
(c) sw$_{33}$ 闭合成功示意图

连接的线路电流,并记录线路电流增加最大的线路,在交流断路器切除故障电流后,利用直流隔离开关隔离线路电流增加最大的线路。如 3 - 7(b)所示,VSC1 站监测到流过 sw_{11} 的电流增加最大,VSC2 监测到流过 sw_{12} 的电流增加最大,VSC3 监测到流过 sw_{33} 的电流增加最大,在交流断路器切除故障电流后,打开隔离开关 sw_{11}、sw_{12} 和 sw_{33}。然后,重新启动整个系统,并闭合 sw_{11}、sw_{12} 和 sw_{33}。因为隔离开关 sw_{33} 两端直流电压差别不大,所以 sw_{33} 闭合成功,但 sw_{11} 和 sw_{12} 两端直流电压差别过大,sw_{11} 和 sw_{12} 闭合失败。"握手原则"能够实现无通信情况下故障隔离和系统恢复。

一旦断开交流断路器,势必会引起整个直流系统退出运行,影响多端直流系统的正常工作。而且交流断路器属于机械开关,响应速度慢,最快动作时间也要 2～3 个周波,因此换流器开关器件存在过压过流的可能性,需要采用如提高器件参数、增大桥臂电抗、配置快速旁路开关等辅助措施,从而增加了换流器的体积和成本。另外,故障清除后,系统重启时配合动作时序复杂、恢复时间较长。

2) 换流器自清除法

该方法是结合换流器自身结构特点,通过开关器件触发时序的变化以达到自动清除故障电流的目的,该方法无需附加机械开关动作,故障电流阻断能力强,并且系统恢复速度快,是现阶段直流输电系统故障处理方法的研究热点。通过优化单个子模块的拓扑可以实现直流侧故障电流的阻断,以下 8 种具备故障阻断能力的子模块拓扑结构:全桥子模块、箝位型双子模块、串联双子模块、二极管箝位型子模块、混合型子模块、增强自阻型子模块、交叉连接型子模块、二极管嵌位式双子模块。在相同的输出容量和输出电压等级条件下,具备故障阻断能力的子模块均通过增加功率模块数和控制复杂度来阻断故障电流,相比于半桥子模块,增大了一次设备的投资,也增加了损耗。

3) 直流断路器法

在交流系统中,电流存在自然零点,而在直流系统中,由于没有电流过零点,直流断路器不能像传统交流断路器一样在电流零点开断电流。目前,已在运行和正在开发的直流断路器,从技术的角度可分为机械式断路器、全固态直流断路器、混合式直流断路器。

机械式断路器包括机械开关、辅助换流回路和吸收回路,其中辅助换流回路由电容器和电感器组成,由于直流电路没有自然过零点,必须借助并联于机械开关的 LC 振荡回路产生高频谐振电流,人为产生过零点。一旦检测到故障电流,机械开关触头开始分离,断口间产生电弧,并在断路器断口与 LC 回路构成的环路中激起高频振荡电流,该振荡电流叠加在直流电流上。一旦振荡电流的反向幅值超过流过机械开关断口的直流电流时,电流被开断。熄弧后,LC 回路的能量被吸收放电回路吸收。机械式直流断路器开断时间一般在几十毫秒,动作时间较长,不能满足快速开断直流故障电流的要求。

　　全固态直流断路器(solid state circuitbreaker, SSCB)仅含电力电子开关元件,故障开断速度非常快,可以在数毫秒内开断故障电流,满足快速开断的要求,可靠性高,但其通态压降高,通态损耗大,对散热系统的要求高,高电压大电流系统开断过程中还要求电力电子开关之间进行串并联,实现上存在一定难度,需要考虑均压和绝缘等问题。

　　目前,ABB 公司、GE 公司(原 Alstom 公司)和国网智能电网研究院分别完成了 320 kV/5 ms/9 kA,160 kV/5.5 ms/5.2 kA 和 200 kV/3 ms/15 kA 的实验室原理样机研制,混合式直流断路器包括机械开关和电力电子开关两种开关元件,在正常运行时,电流直流过机械开关,固态开关的电流为零,通态损耗和通态压降很小。

　　根据机械开关支路是否有辅助电力电子开关,混合式直流断路器又可分为辅助换流混合直流断路器和自然换流混合直流断路器,ABB 公司研发的样机属于辅助换流混合直流断路器。自然换流型混合式直流断路器故障动作时序如图 3-8 所示,一旦检测到短路故障发生,机械开关打开,同时开通固态开关,机械开关断口开始拉长电弧,利用弧压使电流从机械开关支路转移到固态开关支路,当换流过程

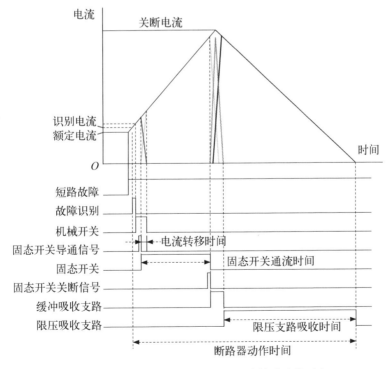

图 3-8　混合式直流断路器开断短路故障动作时序

完成后,机械开关熄灭电弧,彻底关断,固态开关承担全部电流,然后关断固态开关,能量由缓冲、吸收回路吸收。

混合式直流断路器综合机械开关和全固态开关的优点是开关通态损耗小、开断速度快、可靠性高、寿命长,是最有应用前景的直流断路器。

3.4.2 直流配电网故障清除方法

1) 直流断路器在 MMC 闭锁后切除故障电流

如果由于直流断路器能力不足、短路电流上升速度太快或者 MMC 闭锁保护定值偏小等原因,导致在直流断路器切断故障电流前,短路电流达到 MMC 闭锁保护定值,那么 MMC 先闭锁,再由直流断路器切断相关线路。由于 MMC 在直流断路器切除故障电流前闭锁,即整个直流配电网会瞬时停运,待 MMC 解锁后,整个系统立即恢复供电。

根据直流双极短路故障电流机理分析,MMC 闭锁后,其故障电流进入第二阶段,由交流侧通过不控整流桥馈入短路电流,故障电流大小与系统等效阻抗成反比。此方案对直流断路器切断故障电流的能力和速度要求不太高,但会造成整个直流配电系统瞬时停运,对关键负载有一定的冲击。

2) 直流断路器在 MMC 闭锁前切除故障电流

假设系统采用混合式直流断路器,其动作特性如图 3-8 所示,故障电流先上升再下降,假设故障电流在 t_p 处达到最大值 I_p。虽然直流断路器总的开断时间为 5 ms,但其最大电流发生时刻 t_p 大概在故障发生后的 3 ms。即如果满足式(3-24)的条件,混合式直流断路器可在 MMC 闭锁前切除故障电流,实现负载的不间断供电。

$$\begin{cases} i_1(t_p) \leqslant I_p \\ i_T(t_p) \leqslant I_1 \end{cases} \qquad (3-24)$$

式中: $i_1(t)$ 为直流故障电流; I_p 为直流断路器能够切除的最大故障电流; t_p 为最大故障电流发生时刻; $i_T(t)$ 为 MMC 桥臂电流; I_1 为 MMC 电流闭锁保护定值。

假设直流断路器动作特性既定,根据式(3-24),可以通过降低短路电流上升速率,即增大 MMC 电流闭锁保护定值或者延长保护动作延时时间来实现直流断路器在 MMC 闭锁前切除故障电流。其中: 增大 MMC 电流闭锁保护定值受到电力电子器件安全通流能力限制,相应地会增加不必要的投资;延长保护动作延时时间可能会导致电力电子器件烧毁,而且需要动作时序的配合。因此,应该通过系统参数配合来降低短路电流上升速率。

通过 MMC 闭锁前短路电流机理分析可知,直流平波电抗器、交流电抗器和换流阀桥臂电抗器对短路电流上升速率有抑制作用。但交流电抗器阻值涉及公共连接点(PCC)点短路容量限制,也受交直流系统稳定性的影响;增加换流阀桥臂电抗会影响换流阀的动态特性,而且,对换流阀的体积和造价都有相应的影响;通过分析,故障电流对直流平波电抗器的灵敏度相比于对其他参数的灵敏度更大,即 $\partial i_1/\partial L_d$ 最大,所以在 MMC 换流阀及混合式直流断路器参数一定的情况下,可以调节 MMC 直流侧平波电抗器来抑制直流故障电流的上升速率,进而使混合式直流断路器在 MMC 闭锁前切除故障电流。

3.4.3　直流配电网故障穿越及恢复

在直流配电网中,停电时间及次数是衡量一个电网可靠性的重要指标,用户对于停电时间及次数异常敏感,因此当直流配电网系统发生故障时,尤其是直流侧发生极间故障时,需要保护与控制协调配合,实现直流配电网的故障穿越及恢复。

当配电网系统发生直流侧单极对地故障时,由于系统通常为大电阻接地,系统故障电流很小,因此系统仍可持续运行数小时。但差动保护可能由于差流很小,无法准确定位系统故障,因此需要控制系统协同保护进行故障定位。首先,单极对地故障如持续存在,则一段时间后电压不平衡保护出口信号送至控制系统;然后控制系统收到电压不平衡信号后,将系统的接地电阻切换为小电阻,系统故障电流增大;接下来系统差动保护准确定位故障点,并切除故障线路,清除故障;最后,故障消失后,控制系统将系统接地电阻切回高阻接地,系统恢复正常运行。

当配电网系统发生直流侧极间短路故障时,由于故障电流大、上升速率快,换流器会立刻闭锁,差动保护没有足够的时间去准确定位故障点,因此采用更加快速的低压过流保护作为系统的主保护。但是,由于直流配电网线路较短,当直流侧发生极间短路故障时,配电网中的低压过流保护均会动作,从而使得跳开的故障区域比实际故障区域大得多,为使配电网系统快速恢复供电,首先要保证交流断路器不跳开,其次需要控制系统进行非故障区域的恢复和换流器的重解锁,具体的直流侧极间故障隔离恢复流程如下:① 低压过流保护动作,跳开所有低压过流的直流线路,换流器闭锁;② 上送控制系统极间故障告警信号和故障定位信号;③ 根据保护故障定位信号,控制系统跳开故障区域两侧直流断路器,闭合非故障区线路上的直流断路器,完成直流配电网非故障区域的恢复;④ 重新解锁换流器,恢复系统供电。

第 4 章 直流配电网的调度控制

前面章节讨论的直流配电网运行是基于直流网中变流器自动控制的结果，而运行效果并不完全是直流配电网的需要情况，此时，需要采用通信调度的手段向直流配电网的各变流器发出控制调节的指令，控制直流配电网络运行到目标运行点。

优化是一种常用于调度控制的方法，通过优化可以确定运行的最佳状态，这种最佳状态一般是指运行点具有最优的经济性。但是，最优经济性不等同于运行可行性，换句话说，经济的运行方式不一定可行。这是因为，可行的运行需要保证所有运行设备的运行点都应具有概率上基本均等的合理性，而这时的运行点未必是经济最优的。直流配电网需要建立类似于交流电网频率的统一指标来对直流配电网的运行状况进行评估，有效评估能够提供对调度策略实用性和正确性的证明。因此，提出一个直流配电网的综合调度指标，并以此来构建调度控制体系。

4.1 直流配电网的网络电压偏差响应指标

4.1.1 直流配电网的分层控制

直流配电网的控制属于分层控制：底层控制、实时控制和优化控制。底层控制为变流器的自动控制，如前所述，采用下垂控制的变流器可以在有差调节的情况下，保证直流配电网的基本运行；实时控制指的是调度对变流器的控制，这需要调度在通信的基础上对所控制变流器的端口电压和功率给定调整量，变流器根据指令运行于调度的要求范围内；优化控制也称为最优控制，即经济控制，意味着直流配电网在实时调度的约束下进行经济性优化。

直流配电网的调度控制是指调度中心在对最优控制指令和直流配电网的实时运行状态信息进行分析筛选后，对直流配电网内可控设备进行实时调节，使直流配电网的运行状态向调度中心期望的稳定状态靠近。而直流配电网的调度控制策略是直流配电网故障穿越控制、运行方式管理和最优经济运行控制等的基础，因此形成完善的调度控制策略十分必要。

最优控制层的控制周期一般较长,而直流配电系统的基础统一控制层为实时控制。因此,当直流配电网的调度中心接收到最优控制层发出的优化指令后,调度中心需要综合直流配电系统的实时运行状态信息,对最优控制指令进行可行性校验,判定是否能够应用最优控制指令。如果可行,按照最优控制指令进行调节;如果不可行,则调度中心根据直流配电系统运行状态信息独立进行调节,以保证直流配电系统的安全、稳定和可靠运行。在本章中,忽略最优控制层下发的优化指令,只研究调度中心独立地进行功率平衡调度,唯一的调度目标即实时维持直流配电网的稳定正常运行,在满足负荷的功率要求的同时使所有节点的电压偏离不至于超过允许电压波动范围。

在交流系统中,频率是反映系统内部发电和负荷之间能量是否达到平衡的指标。交流系统内,负荷的变化会造成产生一个频率偏差,这个偏差会被发电机组调速器的下降特性削弱一部分,这就是一次调频,一次调频是有差调节。交流系统想要恢复到正常状态,需要将已被一次调频削弱后剩下的频率偏差完全消除掉,这就是二次调频,二次调频属于无差调节。自动发电控制(automatic generation control,AGC)是二次调频的主要手段,通过调整某些被选定的发电机的功率输出,使交流系统的频率恢复到额定值。因此,在一个独立的交流系统中,维持频率稳定不再是一个问题。

在直流系统中,显然,由电路基本原理可知直流电压是反映直流系统功率是否平衡的指标。直流系统中各个节点的电压直接决定了系统内的潮流分布。因此,直流配电系统调度的基础是建立稳定的直流电压。但是,直流系统与交流系统不同的地方在于:直流系统的电压是各个节点的电压,是互不相同的多个电压;交流系统的频率是整个系统共有的特征,是一个确定的频率。这就是说,需要建立一个全网统一的调度指标是首先要面对的问题。

为此,在不考虑最优控制目标只保证配电网安全稳定运行的基础上,针对采用下垂控制的直流配电网,给出一种新的综合调度指标,即网络电压偏差指标(grid voltage error,GVE,用符号 E_{GV} 表示)。根据该综合指标制定的调度控制策略可以在准确快捷调控直流配电网各个节点运行功率的同时,兼顾各个节点运行电压的偏差问题。

4.1.2　第一网络电压的定义

类似于交流系统中 AGC 对系统频率的调节,直流系统中也需要一个调度控制策略来使直流系统中的直流电压达到稳定且符合要求。但是,与交流系统不同的是,交流系统的频率是整个系统共有的且唯一的,而直流系统各个节点的直流电压是互不相同的多个电压。因此,在直流配电网的调度控制策略中首先要提出一个类似于交流频率的综合直流电压,这个电压可以用来表征其所代表的直流配电网中能量供需平衡,并且节点电压达到稳定合理的运行状态。将这个电压称为第一网络电压(grid voltage 1,用符号 V_{G1} 表示)。

在电路原理中,当已知某端口外特性和内特性时,该端口的运行状况就可以通过内外特性来确定,如图 4-1(a)(b)所示。同样,在直流配电网中,当已知某节点变流器采用下垂控制,如图 4-1(c)所示,节点变流器下垂控制特性(黑色线,相当于变流器内特性)与节点变流器运行特性(灰色线,相当于变流器外特性)两条曲线的交点即为变流器的运行状态点,该点对应的端电压 V_{fact} 和功率 P_{fact} 为变流器的实际端电压和实际功率。

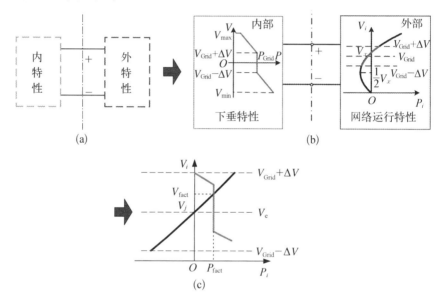

图 4-1 直流配电网中 i 节点变流器的运行点

(a) 端口运行状况;(b) 端口的数学描述;(c) 节点的允许运行特性

在直流配电网中,可以将平衡节点及与之通过变流器连接在一起的上级系统等效为一个直流电压源,其他节点和输电线路电阻可以通过戴维南定理等效为另一个直流功率源和一个等效电阻串联,具体如图 4-2 所示。其中,需要注意的是,若上级电网连接点的 x、y、z 代表 a、b、c,则上级电网为交流电网;若 x、y、z 代表正极、负极、接地,则上级电网为直流网络。在此,V_{G1} 处就是其他节点等效的直流电压源,其不仅在电路原理上符合了网络的功率供需平衡,也在数学意义上代表了各个节点电压的综合值。

由电路基础理论,可以得出:

$$\frac{P_{in\_ex}}{V_{G1}}R_{in} + V_{G1} = V_{Grid} \tag{4-1}$$

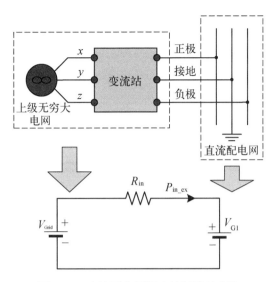

图 4‑2　直流配电网调度控制等效电路

式中：V_{Grid} 为上级系统经变流器的母线电压；P_{in_ex} 为在各个节点满足功率要求时上级系统向直流配电网传输的理想功率；R_{in} 为直流配电网的等效传输线电阻。

进而推导出：

$$V_{G1}^2 - V_{Grid}V_{G1} + P_{in\_ex}R_{in} = 0 \qquad (4\text{-}2)$$

根据数学求解一元二次方程的公式可知：

$$V_{G1} = \frac{V_{Grid} \pm \sqrt{V_{Grid}^2 - 4P_{in\_ex}R_{in}}}{2} \qquad (4\text{-}3)$$

相应地，可以求出电阻 R_{in} 的电压为

$$V_{R_{in}} = \frac{V_{Grid} \mp \sqrt{V_{Grid}^2 - 4P_{in\_ex}R_{in}}}{2} \qquad (4\text{-}4)$$

由式(4‑4)可知：

$$V_{Grid} > \frac{V_{Grid} + \sqrt{V_{Grid}^2 - 4P_{in\_ex}R_{in}}}{2} > \frac{V_{Grid} - \sqrt{V_{Grid}^2 - 4P_{in\_ex}R_{in}}}{2} \qquad (4\text{-}5)$$

而在系统中节点的等效电压应是大于等效阻抗上的电压的，也就是说，配电网等效电压应大于线路压降，则方程解为

$$V_{G1} = \frac{V_{Grid} + \sqrt{V_{Grid}^2 - 4P_{in\_ex}R_{in}}}{2} \qquad (4\text{-}6)$$

4.1.3　第二网络电压的定义

对于一个各节点下垂控制特性均明确的直流配电网,在调度指令下发后,配电网会在相应变流器控制下运行到一个稳定状态,但是因为下垂控制的有差调节特性,该稳定状态与调度期望的理想状态仍存在差异。因此,还需要提出另一个电压来描述与调度理想状态不同的最终实际运行状态,将这个电压称为第二网络电压(grid voltage 2,V_{G2})。

根据定义可以知道 V_{G2} 是由直流配电网各个节点变流器下垂控制特性和网络节点实际运行信息决定的。在此,参考戴维南定理在求取 V_{G1} 时的等效作用,将除平衡节点外的其他源荷节点等效为一个相对节点,则类似地也可以将除平衡节点外其余各个节点的下垂控制特性等效为相对节点的下垂控制特性,可以称之为配电网综合下垂控制特性,并设其函数为 f_{co}。

由戴维南定理可知 V_{G1} 是由除平衡节点外其余节点的电压加权叠加得到,即:

$$V_{G1} = \sum_{i=2}^{n} a_i V_i \qquad (4-7)$$

式中:n 为配电网总节点数,并且默认平衡节点为 1 号节点;a_i 为第 i 个节点的权值,其数值是由网络的拓扑结构决定的;V_i 为第 i 个节点的电压。

由式(4-7)可以推导出每个节点电压与 V_{G1} 的关系:

$$V_i = \frac{V_{G1} - \sum_{j=2,\,j \neq i}^{n} a_j V_j}{a_i}, \quad i = 2, 3, \cdots, n \qquad (4-8)$$

而考虑到节点电压与 V_{Grid} 的误差不大,因此,在推导关系式时可以将除 V_i 以外的电压近似看作 V_{Grid} 来计算,则式(4-8)可以写成

$$V_i = \frac{V_{G1} - V_{Grid} \sum_{j=2,\,j \neq i}^{n} a_j}{a_i} = \frac{V_{G1}}{a_i} - b_i, \quad i = 2, 3, \cdots, n \qquad (4-9)$$

式中:b_i 为一系列常数。

因此,可以将各个节点的下垂控制特性进行变量等效变换和叠加,从而得到配电网综合下垂控制特性 f_{co},具体变换求解过程如式(4-10)到式(4-14)所示。

$$V_i = f_i(P_i) \Rightarrow P_i = g_i(V_i) \qquad (4-10)$$

$$P_i = g_i(V_i) = g_i\left(\frac{V_{G1}}{a_i} - b_i\right) = G_i(V_{G1}) \qquad (4-11)$$

$$P_{in} = \sum_{i=2}^{n} P_i = \sum_{i=2}^{n} G_i(V_{G1}) \qquad (4-12)$$

$$V_{G1} = f_{co}(P_{in}) \qquad (4-13)$$

$$k_{co} = \sum_{i=2}^{n} a_i k_i \qquad (4-14)$$

式中：f_i 为各个节点下垂控制特性函数；g_i 为 f_i 的反函数；G_i 为自变量 V_i 转换为 V_{G1} 后的函数；P_{in} 为平衡节点外各个节点的功率总和；k_{co}、k_i 分别为配电网综合下垂控制特性的斜率和第 i 个节点的下垂控制特性的斜率。

由配电网综合下垂控制特性的定义可知，此时有 $P_{in} = P_{in\_ex}$。而随着 P_{in} 的变化，由式（4-13）求出的电压也随之发生变化，而当 $P_{in} = P_{in\_fact}$ 时，则有 $V_{G2} = f_{co}(P_{in\_fact})$。

在图 4-3 中，用正功率表示节点输出功率，用负功率表示节点吸收功率。将图左中 7 条下垂特性曲线按上述分析进行叠加，然后删去 1 号恒压节点作用抵消的下垂特性死区，即可得到图右的配电网综合控制特性曲线。因此，可以得到 V_{G2} 的求解式如式（4-15）所示。

$$V_{G2} = V_{G1} + k_{co}(P_{in\_ex} - P_{in\_fact}) \qquad (4-15)$$

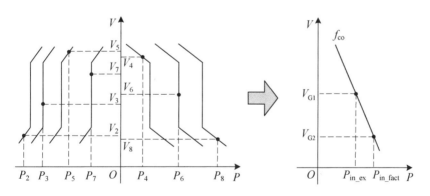

图 4-3　八端柔性直流配电网网络综合控制特性曲线

4.1.4　网络电压偏差的定义

以表 3-2 所示算例为例，直流配电网的最终实际状态如图 4-4 所示，调度指令希望上级系统向直流配电网传输的理想功率 $P_{in\_ex} = 2\,000\ kW$ 也标在图内。

由图 4-4 知 $V_{Grid} = 10\ kV$，$R_{in} = R_{23} + R_{28} + R_{38} \ // \ (R_{34} + R_{45} + R_{56} + R_{67} + R_{78})$ $= 0.470\ \Omega$，$P_{in\_fact} = 1\,987.937\ kW$，对于所研究的配电网络，配电网络拓扑结构唯

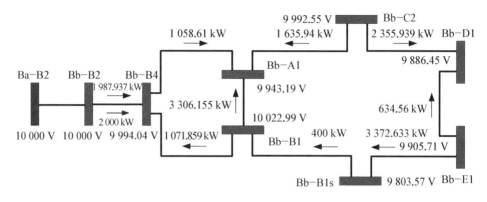

图4-4　八端柔性直流配电网网络状态(表3-2所示的算例)

一恒定,因此恒有 $R_{in} = 0.470\ \Omega$。

　　根据式(4-6),可计算出第一网络电压为 9.906 kV。由该直流配电网内所有节点的控制特性曲线,可叠加出综合控制特性曲线函数为

$$f_{co}(P_{in\_fact}) = 10 + 0.003\ 888 \times (P_{in\_ex} - P_{in\_fact}) \qquad (4-16)$$

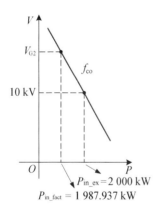

图4-5　八端柔性直流配电网网络综合控制特性曲线(表3-2所示的算例)

　　该综合控制特性曲线如图 4-5 所示。根据式(4-15),可计算出第二网络电压为 10.047 kV。

　　在此可以引出网络电压偏差响应 E_{GV} 的概念如式(4-17), V_{G1} 代表某个特定网络结构的直流配电网在某个调度指令下的最终实际状态, V_{G2} 代表同一个直流配电网在同一个调度指令下希望得到的理想稳定状态。因此, E_{GV} 描述了实际源荷功率状态和理想源荷功率平衡状态之间的偏差。

$$E_{GV} = V_{G1} - V_{G2} \qquad (4-17)$$

　　根据式(4-11)及 V_{G1} 和 V_{G2} 的推导可知: E_{GV} 考虑了直流网络中功率与电压的耦合关系,其值不仅仅表征了调度期望的功率与实际功率的误差,同时也体现出了各节点下垂控制的特点和节点电压偏离基准电压的程度。因此,网络电压偏差指标可以理解为综合调度指标,其相比于单纯用功率偏差 $P_{in\_ex} - P_{in\_fact}$ 来作为调度指标对柔性直流配电网有着更为全面的评估。

　　为了方便调度中心基于 E_{GV} 对配电网的运行状态进行分析、判断和调度,可以根据直流配电网的功率和电压裕度来对 E_{GV} 进行划分,从而可以将配电网的运行状态分为死区状态和调节区状态,如图 4-6 所示,具体划分如式(4-18)所示。

图 4-6　系统运行状态分区图

$$\begin{cases} ① -0.5\%V_{Grid} \leqslant E_{GV} \leqslant 0.5\%V_{Grid} \\ ② E_{GV} < -0.5\%V_{Grid} \\ ③ E_{GV} > 0.5\%V_{Grid} \end{cases} \qquad (4-18)$$

式中：①为死区状态，此时配电网状态属于安全运行范围之内，调度机制可以不运作；②和③为调节区状态，配电网可以经过调度机制调节到死区状态。需要注意的是，该处的状态判定范围需要根据直流配电网自身的需求来设定，在此处设定的柔性直流配电网中范围是±0.5%，而在其他网络中可以不同。

4.1.5　直流配电网网络电压偏差响应指标的举例

1) 直流配电网全天理想发电/负荷数据

图 1-17 所示的八端直流配电网在某天理想发电和负荷数据如图 4-7 所示。节点 1 为恒电压控制的平衡节点，节点 2、节点 3、节点 5、节点 7 为几类典型的负荷曲线，节点 4、节点 6、节点 8 为几类典型的新能源发电曲线（节点 4、节点 8 为风力发电，节点 6 为光伏发电）。具体的数据如表 4-1 所示。

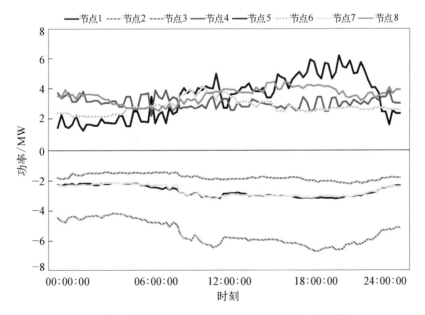

图 4-7　八端柔性直流配电网全天理想发电和负荷曲线

表 4 - 1   八端柔性直流配电网全天理想发电和负荷数据

时　刻	功率/MW							
	节点 1	节点 2	节点 3	节点 4	节点 5	节点 6	节点 7	节点 8
00:00:00	1.55	−2.04	−4.86	4.03	−2.51	2.58	−2.56	3.82
00:15:00	2.46	−2.12	−5.11	3.64	−2.59	2.58	−2.59	3.74
00:30:00	1.66	−2.05	−5.20	3.85	−2.46	2.58	−2.63	4.25
00:45:00	1.55	−2.04	−4.86	4.03	−2.51	2.58	−2.56	3.82
01:00:00	1.79	−1.71	−4.77	3.41	−2.42	2.33	−2.54	3.91
01:15:00	2.42	−1.83	−4.80	3.39	−2.57	2.38	−2.58	3.59
01:30:00	1.73	−1.84	−5.00	3.70	−2.43	2.38	−2.56	4.03
01:45:00	1.35	−1.81	−4.93	4.14	−2.41	2.38	−2.52	3.80
02:00:00	1.79	−1.71	−4.77	3.41	−2.42	2.33	−2.54	3.91
02:15:00	1.79	−1.71	−4.77	3.41	−2.42	2.33	−2.54	3.91
02:30:00	1.69	−1.71	−4.74	3.49	−2.53	2.33	−2.42	3.90
02:45:00	1.69	−1.71	−4.74	3.49	−2.53	2.33	−2.42	3.90
03:00:00	2.19	−1.69	−4.88	3.23	−2.44	2.36	−2.46	3.69
03:15:00	1.89	−1.61	−4.70	3.32	−2.47	2.36	−2.37	3.57
03:30:00	1.89	−1.61	−4.70	3.32	−2.47	2.36	−2.37	3.57
03:45:00	1.87	−1.68	−4.58	3.43	−2.40	2.51	−2.40	3.25
04:00:00	1.87	−1.68	−4.58	3.43	−2.40	2.51	−2.40	3.25
04:15:00	2.39	−1.66	−4.63	3.03	−2.41	2.51	−2.44	3.20
04:30:00	2.39	−1.66	−4.63	3.03	−2.41	2.51	−2.44	3.20
04:45:00	1.66	−1.68	−4.78	3.75	−2.44	2.94	−2.39	2.94
05:00:00	1.66	−1.68	−4.78	3.75	−2.44	2.94	−2.39	2.94
05:15:00	2.71	−1.67	−4.90	2.83	−2.42	2.99	−2.46	2.92
05:30:00	2.71	−1.67	−4.90	2.83	−2.42	2.99	−2.46	2.92
05:45:00	1.99	−1.69	−5.02	3.92	−2.55	2.93	−2.49	2.91
06:00:00	1.99	−1.69	−5.02	3.92	−2.55	2.93	−2.49	2.91
06:15:00	1.94	−1.64	−5.19	4.01	−2.63	2.98	−2.48	3.01
06:30:00	3.75	−1.69	−5.20	2.38	−2.71	3.07	−2.61	3.01
06:45:00	1.86	−1.61	−5.23	4.20	−2.72	3.13	−2.49	2.86
07:00:00	2.51	−1.67	−5.22	3.73	−2.74	3.18	−2.53	2.74
07:15:00	2.65	−1.65	−5.35	3.59	−2.82	3.05	−2.53	3.06
07:30:00	1.86	−1.61	−5.23	4.20	−2.72	3.13	−2.49	2.86
07:45:00	2.95	−1.75	−5.55	3.45	−2.86	3.36	−2.83	3.23

（续表）

时　刻	功率/MW							
	节点 1	节点 2	节点 3	节点 4	节点 5	节点 6	节点 7	节点 8
08:00:00	2.51	−1.67	−5.22	3.73	−2.74	3.18	−2.53	2.74
08:15:00	2.65	−1.65	−5.35	3.59	−2.82	3.05	−2.53	3.06
08:30:00	3.93	−1.90	−6.05	2.91	−3.10	3.79	−3.16	3.58
08:45:00	4.35	−1.95	−6.33	2.99	−3.12	3.94	−3.10	3.23
09:00:00	4.00	−1.89	−6.33	3.00	−3.26	4.12	−3.24	3.61
09:15:00	4.24	−1.99	−6.52	3.06	−3.22	4.27	−3.31	3.48
09:30:00	3.93	−1.90	−6.05	2.91	−3.10	3.79	−3.16	3.58
09:45:00	4.35	−1.95	−6.33	2.99	−3.12	3.94	−3.10	3.23
10:00:00	4.21	−2.07	−6.65	3.17	−3.39	4.48	−3.31	3.56
10:15:00	4.50	−2.11	−6.81	2.91	−3.36	4.33	−3.45	4.00
10:30:00	4.36	−2.14	−6.80	3.47	−3.42	3.98	−3.43	3.99
10:45:00	4.33	−2.16	−6.99	3.81	−3.45	3.93	−3.52	4.05
11:00:00	5.38	−2.06	−6.92	2.88	−3.45	3.53	−3.49	4.13
11:15:00	4.14	−2.15	−6.76	3.37	−3.46	4.17	−3.36	4.05
11:30:00	2.96	−2.13	−6.27	3.60	−3.14	4.05	−3.33	4.27
11:45:00	2.96	−2.13	−6.27	3.60	−3.14	4.05	−3.33	4.27
12:00:00	3.94	−2.11	−6.29	2.81	−3.11	3.72	−3.20	4.24
12:15:00	3.94	−2.11	−6.29	2.81	−3.11	3.72	−3.20	4.24
12:30:00	4.06	−2.09	−6.33	3.36	−3.09	3.29	−3.27	4.07
12:45:00	4.40	−2.11	−6.36	3.04	−3.17	3.41	−3.27	4.06
13:00:00	4.40	−2.11	−6.36	3.04	−3.17	3.41	−3.27	4.06
13:15:00	4.70	−2.05	−6.50	3.02	−3.30	3.35	−3.26	4.04
13:30:00	4.21	−1.99	−6.43	3.54	−3.27	3.23	−3.26	3.98
13:45:00	4.14	−2.05	−6.42	3.44	−3.28	2.99	−3.24	4.42
14:00:00	4.14	−1.97	−6.47	3.30	−3.28	3.33	−3.25	4.20
14:15:00	4.36	−1.96	−6.48	3.28	−3.30	3.39	−3.29	4.00
14:30:00	3.68	−2.02	−6.41	3.20	−3.26	3.39	−3.31	4.72
14:45:00	3.68	−2.02	−6.41	3.20	−3.26	3.39	−3.31	4.72
15:00:00	4.10	−2.07	−6.41	3.02	−3.25	3.01	−3.21	4.80
15:15:00	5.35	−2.07	−6.47	2.94	−3.32	2.66	−3.32	4.24
15:30:00	5.13	−2.05	−6.55	3.07	−3.32	2.76	−3.34	4.30
15:45:00	5.03	−2.05	−6.66	2.86	−3.30	2.67	−3.33	4.80

（续表）

时　刻	功率/MW							
	节点 1	节点 2	节点 3	节点 4	节点 5	节点 6	节点 7	节点 8
16:00:00	4.31	−2.02	−6.67	3.21	−3.35	3.13	−3.37	4.75
16:15:00	4.95	−1.98	−6.73	3.00	−3.35	3.06	−3.36	4.39
16:30:00	5.26	−2.01	−6.67	2.75	−3.42	2.89	−3.29	4.49
16:45:00	5.51	−2.04	−6.79	2.91	−3.48	2.77	−3.35	4.48
17:00:00	5.09	−2.13	−6.83	3.73	−3.49	2.77	−3.45	4.31
17:15:00	5.46	−2.21	−6.99	3.34	−3.43	2.66	−3.40	4.56
17:30:00	6.39	−2.22	−7.10	2.65	−3.47	2.65	−3.45	4.55
17:45:00	6.22	−2.21	−7.22	2.85	−3.45	2.71	−3.38	4.47
18:00:00	5.34	−2.33	−7.26	3.73	−3.49	2.84	−3.37	4.55
18:15:00	5.02	−2.28	−7.14	3.74	−3.43	2.84	−3.27	4.52
18:30:00	6.13	−2.27	−7.03	2.70	−3.48	2.81	−3.31	4.44
18:45:00	6.08	−2.26	−7.05	2.71	−3.47	2.79	−3.26	4.47
19:00:00	5.03	−2.25	−6.94	3.63	−3.46	2.95	−3.33	4.38
19:15:00	5.45	−2.29	−7.15	3.68	−3.51	2.93	−3.35	4.25
19:30:00	6.66	−2.38	−7.17	2.90	−3.46	2.93	−3.39	3.90
19:45:00	5.88	−2.39	−7.11	3.35	−3.44	2.93	−3.33	4.12
20:00:00	5.80	−2.42	−6.79	3.38	−3.37	3.01	−3.34	3.74
20:15:00	6.30	−2.48	−6.79	3.09	−3.39	3.01	−3.41	3.66
20:30:00	5.38	−2.38	−6.65	3.51	−3.37	3.01	−3.31	3.82
20:45:00	5.43	−2.30	−6.80	3.34	−3.26	3.01	−3.22	3.81
21:00:00	6.19	−2.42	−6.76	3.19	−3.30	2.82	−3.22	3.49
21:15:00	5.65	−2.39	−6.64	3.38	−3.20	2.82	−3.21	3.59
21:30:00	4.94	−2.31	−6.42	3.21	−3.14	2.82	−3.06	3.97
21:45:00	4.36	−2.23	−6.47	3.59	−3.11	2.82	−2.99	4.03
22:00:00	4.39	−2.26	−6.31	3.67	−3.06	2.95	−3.05	3.68
22:15:00	4.02	−2.21	−6.08	3.48	−2.97	2.95	−2.99	3.80
22:30:00	2.66	−2.05	−5.79	3.74	−2.77	2.95	−2.70	3.97
22:45:00	2.66	−2.05	−5.79	3.74	−2.77	2.95	−2.70	3.97
23:00:00	1.74	−2.01	−5.69	4.16	−2.72	2.84	−2.75	4.41
23:15:00	2.77	−1.99	−5.74	3.37	−2.64	2.84	−2.59	3.97
23:30:00	2.55	−2.03	−5.59	3.26	−2.60	2.84	−2.67	4.24
23:45:00	2.55	−2.03	−5.59	3.26	−2.60	2.84	−2.67	4.24

2）直流配电网全天实际发电/负荷数据

采用表3-2算例中的八端柔性直流配电网结构、参数和各节点控制特性,在图4-7所示的调度指令下,以变流器过程控制模型仿真得到直流配电网的最终实际状态如图4-8所示。可以看出,最终状态与调度理想状态存在一定的偏差,但是偏差不大。具体的数据如表4-2所示。

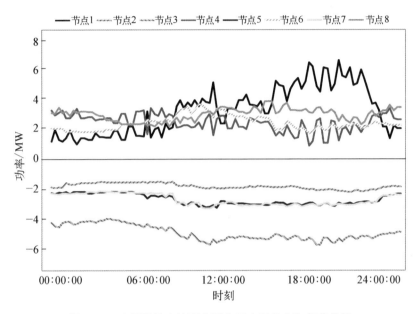

图4-8　八端柔性直流配电网全天实际发电和负荷曲线

3）直流配电网全天网络电压偏差响应数据

根据式(4-6)、式(4-15)和式(4-17),可得到该直流配电网一天内的网络电压偏差和功率偏差,如图4-9所示。

由下垂控制特性决定的图4-8如果与图4-7存在较大偏差,即表明节点电压也存在较大偏差,可能会超过允许电压波动范围。而图4-9中的E_{GV}变化趋势与功率偏差变化趋势基本一致。因此,结合图4-7、图4-8和图4-9,可以发现,E_{GV}可以反映实际稳定状态和调度理想状态的偏差。除此之外,还可以发现,在1号平衡节点传输功率较大时,E_{GV}较小;在1号平衡节点传输功率较小时,E_{GV}较大。这是因为:当1号平衡节点传输功率占据较大比例时,整个配电网络受到上级系统的较多支持,更趋向于源荷功率平衡状态;当1号平衡节点传输功率占据较小比例时,整个配电网络受到上级系统的支持较少,更趋向于通过内部的源荷自身下垂控制特性达到最终状态。

表 4-2　八端柔性直流配电网全天实际发电和负荷数据

时　刻	功率/MW							
	节点 1	节点 2	节点 3	节点 4	节点 5	节点 6	节点 7	节点 8
00:00:00	1.574 164	−2.043 223	−4.858 729	4.024 921	−2.506 425	2.576 497	−2.556 916	3.816 268
00:15:00	2.487 258	−2.119 385	−5.114 814	3.637 076	−2.595 094	2.576 601	−2.589 726	3.744 015
00:30:00	1.689 221	−2.048 208	−5.201 201	3.853 178	−2.457 918	2.576 511	−2.629 260	4.245 065
00:45:00	1.574 164	−2.043 223	−4.858 729	4.024 921	−2.506 425	2.576 497	−2.556 916	3.816 268
01:00:00	1.816 466	−1.712 314	−4.765 385	3.405 958	−2.417 973	2.326 576	−2.544 093	3.913 550
01:15:00	2.444 155	−1.832 400	−4.796 202	3.389 238	−2.573 541	2.374 974	−2.575 767	3.592 990
01:30:00	1.760 597	−1.843 090	−5.002 821	3.697 196	−2.434 192	2.374 883	−2.559 802	4.032 211
01:45:00	1.360 188	−1.806 856	−4.932 146	4.160 562	−2.411 323	2.374 501	−2.516 763	3.798 510
02:00:00	1.816 466	−1.712 314	−4.765 385	3.405 958	−2.417 973	2.326 576	−2.544 093	3.913 550
02:15:00	1.816 466	−1.712 314	−4.765 385	3.405 958	−2.417 973	2.326 576	−2.544 093	3.913 550
02:30:00	1.714 836	−1.709 027	−4.743 131	3.486 204	−2.528 965	2.326 567	−2.425 077	3.901 597
02:45:00	1.714 836	−1.709 027	−4.743 131	3.486 204	−2.528 965	2.326 567	−2.425 077	3.901 597
03:00:00	2.212 207	−1.692 009	−4.879 150	3.225 729	−2.437 394	2.361 621	−2.462 638	3.694 274
03:15:00	1.912 332	−1.605 917	−4.700 684	3.323 466	−2.467 534	2.361 594	−2.367 406	3.566 012
03:30:00	1.912 332	−1.605 917	−4.700 684	3.323 466	−2.467 534	2.361 594	−2.367 406	3.566 012
03:45:00	1.895 801	−1.679 184	−4.578 406	3.425 456	−2.400 760	2.508 238	−2.399 102	3.249 688
04:00:00	1.895 801	−1.679 184	−4.578 406	3.425 456	−2.400 760	2.508 238	−2.399 102	3.249 688
04:15:00	2.414 254	−1.659 003	−4.628 223	3.032 238	−2.407 543	2.508 307	−2.439 633	3.200 779
04:30:00	2.414 254	−1.659 003	−4.628 223	3.032 238	−2.407 543	2.508 307	−2.439 633	3.200 779
04:45:00	1.681 647	−1.677 118	−4.777 644	3.749 682	−2.437 495	2.934 852	−2.385 726	2.936 630
05:00:00	1.681 647	−1.677 118	−4.777 644	3.749 682	−2.437 495	2.934 852	−2.385 726	2.936 630
05:15:00	2.735 193	−1.670 778	−4.899 110	2.828 994	−2.421 473	2.989 153	−2.460 727	2.921 974
05:30:00	2.735 193	−1.670 778	−4.899 110	2.828 994	−2.421 473	2.989 153	−2.460 727	2.921 974
05:45:00	2.016 033	−1.685 222	−5.022 623	3.915 200	−2.554 031	2.933 225	−2.486 417	2.910 412

（续表）

时　刻	功率/MW							
	节点 1	节点 2	节点 3	节点 4	节点 5	节点 6	节点 7	节点 8
06:00:00	2.016 033	−1.685 222	−5.022 623	3.915 200	−2.554 031	2.933 225	−2.486 417	2.910 412
06:15:00	1.970 323	−1.637 256	−5.194 492	4.009 199	−2.627 888	2.979 056	−2.480 241	3.009 156
06:30:00	3.926 569	−1.693 523	−4.962 752	2.121 112	−2.919 223	3.266 386	−2.609 431	2.899 669
06:45:00	1.890 669	−1.614 392	−5.234 509	4.197 443	−2.719 860	3.134 598	−2.485 319	2.860 841
07:00:00	2.539 114	−1.670 978	−5.220 837	3.730 977	−2.738 469	3.182 173	−2.532 443	2.738 397
07:15:00	2.674 213	−1.646 528	−5.346 650	3.584 992	−2.821 871	3.054 428	−2.528 051	3.057 510
07:30:00	1.890 669	−1.614 392	−5.234 509	4.197 443	−2.719 860	3.134 598	−2.485 319	2.860 841
07:45:00	2.961 337	−1.750 295	−5.533 001	3.448 750	−2.862 154	3.360 001	−2.825 769	3.231 525
08:00:00	2.539 114	−1.670 978	−5.220 837	3.730 977	−2.738 469	3.182 173	−2.532 443	2.738 397
08:15:00	2.674 213	−1.646 528	−5.346 650	3.584 992	−2.821 871	3.054 428	−2.528 051	3.057 510
08:30:00	4.327 095	−1.893 691	−5.712 214	2.683 196	−3.232 435	3.766 109	−3.351 882	3.451 526
08:45:00	4.788 943	−1.953 876	−5.917 722	2.706 392	−3.272 074	4.001 072	−3.305 865	2.994 118
09:00:00	4.201 358	−1.891 734	−6.010 252	2.826 792	−3.472 233	4.120 745	−3.243 318	3.509 173
09:15:00	4.630 808	−1.988 437	−6.120 698	2.839 784	−3.397 874	4.281 082	−3.541 455	3.340 150
09:30:00	4.327 095	−1.893 691	−5.712 214	2.683 196	−3.232 435	3.766 109	−3.351 882	3.451 526
09:45:00	4.788 943	−1.953 876	−5.917 722	2.706 392	−3.272 074	4.001 072	−3.305 865	2.994 118
10:00:00	4.324 280	−2.065 401	−6.321 199	3.057 988	−3.610 715	4.481 557	−3.301 100	3.478 813
10:15:00	4.952 505	−2.106 456	−6.338 033	2.522 913	−3.503 204	4.391 529	−3.667 736	3.795 826
10:30:00	4.665 136	−2.141 851	−6.429 935	3.327 753	−3.650 698	4.148 806	−3.727 382	3.854 806
10:45:00	4.591 588	−2.158 350	−6.630 734	3.759 941	−3.608 051	3.898 752	−3.718 566	3.912 576
11:00:00	6.194 305	−2.058 367	−6.181 302	2.039 712	−3.451 234	3.433 873	−3.608 934	3.685 652
11:15:00	4.207 485	−2.147 946	−6.456 752	3.304 411	−3.675 303	4.165 462	−3.361 473	4.008 462
11:30:00	2.972 363	−2.131 571	−6.243 190	3.597 367	−3.144 756	4.045 537	−3.331 194	4.274 188
11:45:00	2.972 363	−2.131 571	−6.243 190	3.597 367	−3.144 756	4.045 537	−3.331 194	4.274 188

（续表）

时　刻	功率/MW							
	节点 1	节点 2	节点 3	节点 4	节点 5	节点 6	节点 7	节点 8
12:00:00	4.128 526	−2.106 784	−5.986 590	2.595 339	−3.314 308	3.719 951	−3.203 940	4.206 356
12:15:00	4.128 526	−2.106 784	−5.986 590	2.595 339	−3.314 308	3.719 951	−3.203 940	4.206 356
12:30:00	4.063 783	−2.094 993	−6.082 166	3.334 921	−3.367 971	3.485 828	−3.342 236	4.041 834
12:45:00	4.802 091	−2.113 196	−5.951 362	2.703 910	−3.311 392	3.522 324	−3.492 929	3.881 756
13:00:00	4.802 091	−2.113 196	−5.951 362	2.703 910	−3.311 392	3.522 324	−3.492 929	3.881 756
13:15:00	5.258 441	−2.049 905	−5.983 062	2.513 647	−3.382 284	3.371 108	−3.442 775	3.759 147
13:30:00	4.465 063	−1.992 381	−6.095 621	3.410 858	−3.440 362	3.357 991	−3.495 366	3.831 279
13:45:00	4.422 146	−2.050 829	−6.076 214	3.253 868	−3.424 745	3.072 975	−3.466 429	4.310 304
14:00:00	4.306 052	−1.969 740	−6.120 790	3.123 414	−3.432 247	3.491 813	−3.485 467	4.128 090
14:15:00	4.727 814	−1.961 126	−6.068 249	2.992 296	−3.437 668	3.491 118	−3.505 464	3.803 840
14:30:00	3.766 143	−2.021 991	−6.159 734	3.114 941	−3.459 216	3.393 496	−3.310 388	4.716 261
14:45:00	3.766 143	−2.021 991	−6.159 734	3.114 941	−3.459 216	3.393 496	−3.310 388	4.716 261
15:00:00	4.494 628	−2.066 132	−6.012 712	2.660 585	−3.368 077	3.076 011	−3.439 946	4.696 932
15:15:00	6.346 699	−2.064 214	−5.728 447	2.016 447	−3.265 396	2.406 528	−3.407 350	3.747 672
15:30:00	5.970 801	−2.051 794	−5.884 301	2.305 112	−3.306 513	2.581 013	−3.451 065	3.886 092
15:45:00	5.909 866	−2.052 877	−5.959 914	1.995 796	−3.270 959	2.463 221	−3.447 972	4.413 679
16:00:00	4.716 322	−2.019 892	−6.223 121	2.830 949	−3.452 426	3.172 429	−3.578 821	4.598 911
16:15:00	5.698 363	−1.977 417	−6.077 490	2.283 254	−3.366 900	2.953 644	−3.494 700	4.030 286
16:30:00	6.252 019	−2.010 048	−5.903 006	1.768 576	−3.355 591	2.659 947	−3.390 268	4.032 099
16:45:00	6.565 437	−2.042 109	−5.970 017	1.870 836	−3.384 864	2.481 337	−3.423 154	3.959 503
17:00:00	5.693 655	−2.133 641	−6.249 561	3.237 317	−3.515 004	2.642 520	−3.583 160	3.957 672
17:15:00	6.302 368	−2.207 139	−6.256 735	2.548 000	−3.389 864	2.432 768	−3.490 641	4.115 236
17:30:00	7.800 092	−2.220 483	−6.025 981	1.208 927	−3.271 864	2.186 803	−3.433 987	3.827 500
17:45:00	7.485 226	−2.204 290	−6.215 281	1.564 250	−3.296 638	2.319 045	−3.395 695	3.809 958

（续表）

时　刻	功率/MW							
	节点 1	节点 2	节点 3	节点 4	节点 5	节点 6	节点 7	节点 8
18:00:00	5.913 431	−2.332 543	−6.625 678	3.197 174	−3.519 399	2.724 980	−3.513 495	4.207 753
18:15:00	5.478 135	−2.283 421	−6.593 707	3.343 457	−3.494 488	2.789 104	−3.444 116	4.253 994
18:30:00	7.378 995	−2.265 768	−6.056 310	1.422 924	−3.333 437	2.453 308	−3.342 811	3.807 530
18:45:00	7.309 089	−2.257 358	−6.085 164	1.441 880	−3.330 562	2.431 012	−3.296 774	3.851 677
19:00:00	5.535 052	−2.251 146	−6.389 271	3.189 293	−3.518 257	2.895 882	−3.494 783	4.081 632
19:15:00	6.088 576	−2.291 442	−6.495 751	3.100 254	−3.529 431	2.806 312	−3.479 582	3.853 481
19:30:00	7.962 489	−2.375 047	−6.131 842	1.600 147	−3.297 656	2.544 618	−3.389 085	3.154 277
19:45:00	6.743 916	−2.390 743	−6.334 174	2.525 480	−3.404 626	2.727 426	−3.421 545	3.609 728
20:00:00	6.601 153	−2.418 454	−6.082 879	2.673 681	−3.368 963	2.849 135	−3.446 684	3.244 804
20:15:00	7.380 082	−2.475 524	−5.926 567	2.082 674	−3.305 893	2.736 262	−3.457 134	3.024 198
20:30:00	6.008 976	−2.378 822	−6.065 996	3.001 917	−3.418 086	2.926 920	−3.455 352	3.428 170
20:45:00	6.123 305	−2.298 517	−6.160 771	2.729 092	−3.293 629	2.915 280	−3.356 997	3.390 616
21:00:00	7.233 433	−2.421 281	−5.924 721	2.255 199	−3.236 657	2.559 330	−3.276 098	2.866 398
21:15:00	6.427 980	−2.388 188	−5.972 721	2.731 898	−3.221 077	2.678 235	−3.322 023	3.114 454
21:30:00	5.523 862	−2.313 715	−5.910 893	2.734 934	−3.216 647	2.787 886	−3.233 879	3.670 897
21:45:00	4.482 903	−2.225 183	−6.153 038	3.516 190	−3.268 678	2.953 535	−3.225 318	3.959 003
22:00:00	4.586 378	−2.263 107	−6.021 206	3.648 996	−3.250 727	3.088 012	−3.292 808	3.543 605
22:15:00	4.017 753	−2.206 454	−5.872 735	3.465 431	−3.136 095	2.936 616	−2.923 786	3.753 927
22:30:00	2.689 747	−2.054 168	−5.792 810	3.740 623	−2.772 339	2.948 284	−2.699 609	3.970 609
22:45:00	2.689 747	−2.054 168	−5.792 810	3.740 623	−2.772 339	2.948 284	−2.699 065	3.970 609
23:00:00	1.775 941	−2.007 487	−5.689 835	4.163 762	−2.716 793	2.843 186	−2.748 341	4.411 534
23:15:00	2.794 664	−1.988 721	−5.739 955	3.374 954	−2.638 147	2.843 307	−2.590 219	3.973 183
23:30:00	2.583 412	−2.030 147	−5.589 515	3.258 295	−2.602 580	2.843 284	−2.671 125	4.236 567
23:45:00	2.583 412	−2.030 147	−5.589 515	3.258 295	−2.602 580	2.843 284	−2.671 125	4.236 567

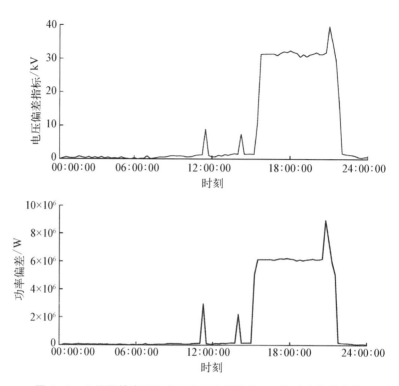

图 4 - 9　八端柔性直流配电网全天电压偏差 E_{GV} 和功率偏差曲线

4.2　基于网络电压偏差的直流配电网调度

当提出了综合调度指标 E_{GV} 后,就可以根据 E_{GV} 来制订具体的调度控制策略来使柔性直流配电网的潮流分布合乎要求,并且实现配电网的稳定安全运行。根据柔性直流配电网自身的可调特性提出的调度控制策略如下:对有功输出可调的设备进行调度,即对有功可调节点的调度。

首先需要确定的是,直流配电网有着自身调度控制的特殊性:① 有功可以被调度的对象是有限的。在直流配电系统中,调度中心只能对分布式发电设施、主动型负荷(储能电站)、连接不同网络的变流器(上级系统和直流配电网之间的变流器、直流配电网和下级微电网之间的变流器等)的有功进行调度。② 下垂控制特性是可以参与调度的。调度中心可以给变流器下发相应的指令,使变流器采用的下垂控制特性参数值发生变化。③ 上级系统经变流器的母线电压是可以被调度的。以前述的八端柔性直流配电网为例,1 号恒压平衡节点的节点电压是可以被调节的。

整个调度策略可以分为两个环节：第一个是以 PI 控制来求调度总功率的环节；第二个则是以优化算法计算经济分配系数的环节。

4.2.1　PI 控制环节

如上所述，在直流配电网中，有功输出可以调节的设备有分布式发电、储能及连接不同网络的变流器。调度策略的控制原理如下：利用 PI 控制的原理，对整个配电网的调度功率进行调整，并利用经济系数和响应速度系数来将总目标分配给各个对象，以此来使调度指标 E_{GV} 减小且趋于稳定。对于整个配电网的有功功率调度功率 P_r 可以按比例积分公式(4-19)计算：

$$P_r = G_I \int_0^t E_{GV} \mathrm{d}t + G_P E_{GV} = P_I + P_P \qquad (4-19)$$

式中：G_I、G_P 分别为控制的积分增益和比例增益；P_I、P_P 分别为控制的积分稳态和暂态有功功率调度目标。完整的有功功率调度目标 P_r 的分配周期与调度中心的运行周期同步，一般为 4～10 s，以满足实时调度的要求。为保证调度的最优化，总调度功率要合理分配到每个有功调度节点，计算公式如下：

$$P_{si} = P_{bi}(\alpha_i P_I + \beta_i P_P) \qquad (4-20)$$

式中：P_{si} 为第 i 个节点调度后的目标功率；P_{bi} 为第 i 个有功调度对象的实际功率点；α_i 为有功调度对象的经济分配系数；β_i 为有功调度对象的调节分配系数。系数关系满足以下方程：

$$\begin{cases} \sum \alpha_i = 1 \\ \sum \beta_i = 1 \end{cases} \qquad (4-21)$$

由于本书中所涉及的有功可调度设备的调节速度基本一致，对于有功调度节点的调节分配系数 β_i，可以按照式(4-22)计算：

$$\beta_i = \frac{1}{s} \qquad (4-22)$$

式中：s 为配电网络中有功可调的节点数。

对于有功调度对象的经济分配系数 α_i，在此可以网损成本最小构建目标函数，并通过优化算法进行求解。式(4-23)为网损成本 W 的目标函数表达式：

$$\min W = P_{loss} C_{loss} = \sum_{i-1}^{n_{port}} \sum_{j=i+1}^{n_{port}} (V_i - V_j)^2 G_{ij} C_{loss} \qquad (4-23)$$

式中：P_{loss} 为配电网总线路损耗；C_{loss} 为配电网售电价格；n_{port} 为配电网节点数；G_{ij}

为输电线路电导,如果两个节点之间无输电线路连接,可以认为此时 $G_{ij}=0$。

因为除平衡节点外的各节点变流器都是采用的下垂控制,所以网络中各节点的电压与功率之间存在着受下垂特性控制影响的潮流关系,式(4-23)中的节点电压 V_i(平衡节点 1 除外)就可以通过考虑下垂控制特性的潮流计算来给出,如式(4-24)所示:

$$\min W = \sum_{i-1}^{n_{\text{port}}} \sum_{j=i+1}^{n_{\text{port}}} \left[f_i\left(\cdots, P_{bi} + \alpha_i P_{\mathrm{I}} + \frac{P_{\mathrm{P}}}{k_{\mathrm{DG}}}, \cdots\right) - f_j\left(\cdots, P_{bj} + \alpha_j P_{\mathrm{I}} + \frac{P_{\mathrm{P}}}{k_{\mathrm{DG}}}, \cdots\right) \right]^2 G_{ij} \times C_{\text{loss}} \tag{4-24}$$

式中:f_i 为考虑下垂控制的潮流计算函数,其函数意义是指将调度后节点功率作为初值来求得各节点电压;k_{DG} 相当于常数 s;$\cdots$ 为原潮流方程中其他不进行调节的节点参数。

需要注意的是,式(4-23)和式(4-24)所给的目标函数中除了其自变量 α_i 本身的等式约束式(4-21)外,还需要考虑各可控节点的功率调节容量,如不等式约束:

$$P_{i,\,\min} \leqslant P_i = P_{bi} + \alpha_i P_{\mathrm{I}} + \frac{P_{\mathrm{P}}}{k_{\mathrm{DG}}} \leqslant P_{i,\,\max} \tag{4-25}$$

式中:$P_{i,\,\min}$、$P_{i,\,\max}$ 分别为各节点有功功率的上下限。

因此,对于式(4-23)~式(4-25)所示的目标函数及其约束条件,可以采用优化算法来求解。

4.2.2 优化计算环节

优化过程可以选择任何一种优化算法求解,此处选择遗传算法求解。遗传算法是一种模拟生物遗传过程的优化算法,其适用范围广且鲁棒性能好。遗传算法一般性操作过程分为初代构造、个体评估、选择运算、交叉运算和变异运算。

1) 遗传算法求解过程

遗传算法优化过程中涉及约束条件,故操作过程与传统遗传算法有一定区别,具体如下:

(1) 约束条件转化:为了在遗传算法中加入对约束条件的考虑,首先将等式约束式(4-21)等效转化为不等式约束式(4-26),然后对不等式约束式(4-25)进行变量替换改写,具体如式(4-27)所示。

$$0 < \alpha_1 + \alpha_2 + \cdots + \alpha_{s-1} < 1 \tag{4-26}$$

$$\begin{cases} P_{i,\,\min} < P_i = P_{\text{b}i} + \alpha_i P_{\text{I}} + \beta_i P_{\text{P}} < P_{i,\,\max}, \quad i = 1, \cdots, s-1 \\ P_{s,\,\min} < P_s = P_{\text{b}s} + \alpha_s P_{\text{I}} + \beta_s P_{\text{P}} = P_{\text{b}s} + \left(1 - \sum_{i=1}^{s-1} \alpha_i\right) P_{\text{I}} + \beta_s P_{\text{P}} < P_{s,\,\max} \end{cases} \Rightarrow$$

$$\begin{cases} \dfrac{P_{i,\,\min} - P_{\text{b}i} - \beta_i P_{\text{P}}}{P_{\text{I}}} < \alpha_i < \dfrac{P_{i,\,\max} - P_{\text{b}i} - \beta_i P_{\text{P}}}{P_{\text{I}}}, \quad i = 1, \cdots, s-1 \\ \dfrac{P_{s,\,\max} - P_{\text{b}s} - \beta_s P_{\text{P}} - P_{\text{I}}}{-P_{\text{I}}} < \alpha_1 + \cdots + \alpha_{s-1} < \dfrac{P_{s,\,\min} - P_{\text{b}s} - \beta_s P_{\text{P}} - P_{\text{I}}}{-P_{\text{I}}} \end{cases}$$

$$(4-27)$$

其中，α_s 可以由其他的经济分配系数求得；需要注意的是，式(4-27)的推导前提是 P_{I} 为正值，如果 P_{I} 为负值，则式(4-27)会有符号变动。

(2) 遗传运算：在自变量 α_i 的限制范围内随机取一定数量(种群大小)的个体作为初代种群；基于第一代个体求出的相应目标函数值来进行适应度评估；选择适应度高的个体生存下来；对生存下来的个体进行交叉、变异运算。

(3) 判断及重插入：对经过上述步骤产生的子代进行验算，如果由子代计算得出的平衡节点功率值越限(即子代不符合约束条件)，则将其淘汰，最后将合格子代插入父代中以代替适应度排序末尾的父代，从而形成新的种群。

不断重复遗传运算和判断及重插入步骤，直至算法所规定的最大遗传代数。

2) 调度计算流程

综上所述，可以得到基于网络电压偏差指标的节点有功调度流程图，如图 4-10 所示。图中的调度流程被划分为三大步骤，分别为指标计算、调度总功率计算和经济分配系数计算。

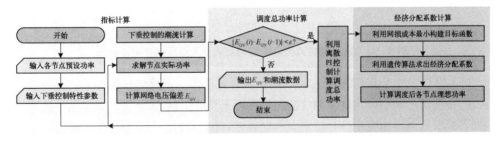

图 4-10　基于网络电压偏差指标的节点有功调度流程图

首先，输入网络各节点的理想运行功率，并通过潮流计算得出各节点的实际运行功率。然后，利用计算网络电压偏差指标的方法计算出 E_{GV}。

其次，由前面所述的调度策略和第一步所求的 E_{GV} 可以计算出需要调度的总功率。

然后,由遗传算法求出令网损成本最小的经济分配系数,并进一步求得各节点需要调度的理想功率。

重复上述步骤,不断迭代求解 E_{GV} ,直至 E_{GV} 在前后两次迭代中的差值小于一个极小数(例如 1×10^{-5})。此时,调度结束,输出 E_{GV} 及相应的潮流数据。

4.2.3　B4 直流配电网系统的验证

以图 1-9 的 B4 直流配电网进行验证。验证数据如表 4-1 和表 4-2 所示,以前述的具体调度控制策略对该直流配电网的潮流分布进行优化。

当对该配电网中的可调控节点 4、6、8 的有功进行调度时,取 PI 调节中的参数 G_I 为 0.1,G_P 为 0.002。上述具体调度策略实施后,可以发现网络电压偏差 E_{GV} 得到了优化,一天中位于死区状态范围内的时间明显增长,具体如图 4-11 所示。选取部分时刻调度前后数据列于表 4-3 中,其中,对负荷峰值时刻 19:30:00、负荷谷值时刻 04:00:30 的数据重点进行了分析。需要说明的是,为了直观观测到 E_{GV} 变小时,功率电压与预设值和电压基准值的误差,算例中并没有在 E_{GV} 达到死区状态时停止调度,而是一直调度到 E_{GV} 达到极小值。

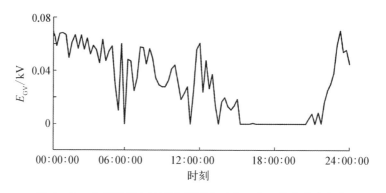

图 4-11　八端柔性直流配电网调度后全天电压偏差响应曲线

从表 4-3 中数据可知:经过调度后,综合调度指标网路电压偏差 E_{GV} 有大幅下降,各负荷节点的功率相比于调度前更加接近于预设功率,甚至完全满足预设功率需求,并且节点电压也完全符合稳定安全的要求;同时,线路总损耗也有一定的减小。

具体可以看到,在 19:30:00 时负荷是一天当中最大的时候,此时若没有调度,可以发现节点 3、节点 5、节点 7 的负荷功率分别为 7.093 6 MW、1.603 5 MW、0.129 3 MW,都不同程度上达不到节点负荷的需求,而调度后的节点功率(7.170 0 MW、3.460 0 MW、3.390 0 MW)则完全满足需求,如第一部分灰色块所示;此外,浅灰色块标注部分节点 3、节点 4、节点 5、节点 6、节点 7、节点 8 的电压在调度前都超出稳定安全规定的 $\pm150\,\mathrm{V}$,而在调度后可以发现其节点电压都调节到了稳定安全范围

表4-3 网络调度前后潮流数据

时刻	节点	节点编号	节点预设功率/MW	调度前节点实际功率/MW	调度后节点实际功率/MW	调度前节点实际电压/V	调度后节点实际电压/V	线路	调度前线路损耗功率/kW	调度后线路损耗功率/kW
19:30:00 负荷峰值	Bb-B2	1	—	9.217 2	2.929 5	10 000	10 000	1-2	0.025 5	0.002 6
	Bb-B4	2	-2.380 0	-2.380 0	-2.380 0	9 972	9 991	2-3	1.635 2	0.007 3
	Bb-A1	3	-7.170 0	-7.093 6	-7.170 0	9 086	9 932	2-8	0.365 0	0.001 3
	Bb-D1	4	3.900 0	4.158 3	4.782 2	7 267	10 014	3-8	5.998 7	0.025 3
	Bb-B1s	5	-3.460 0	-1.603 5	-3.460 0	4 281	9 922	3-4	11.033 4	0.022 4
	Bb-B1	6	2.900 0	3.644 8	5.276 3	2 402	9 966	4-5	19.820 6	0.018 7
	Bb-C2	7	-3.390 0	-0.129 3	-3.390 0	68	9 850	5-6	11.764 1	0.006 3
	Bb-E1	8	2.930 0	2.916 4	3.533 9	10 286	10 010	6-7	18.156 5	0.044 4
								7-8	6.220 4	0.000 3
								合计	75.019 4	0.128 7

调度前 E_{GV}: 31.830 V　调度后 E_{GV}: 0.286 6 V

时刻	节点	节点编号	节点预设功率/MW	调度前节点实际功率/MW	调度后节点实际功率/MW	调度前节点实际电压/V	调度后节点实际电压/V	线路	调度前线路损耗功率/kW	调度后线路损耗功率/kW
04:00:00 负荷中值	Bb-B2	1	—	1.927 8	1.916 5	10 000	10 000	1-2	0.001 1	0.001 1
	Bb-B4	2	-1.680 0	-1.680 0	-1.680 0	9 994	9 994	2-3	0.003 3	0.003 3
	Bb-A1	3	-4.580 0	-4.580 0	-4.580 0	9 954	9 954	2-8	0.000 9	0.001 0
	Bb-D1	4	3.250 0	3.250 0	3.253 9	9 997	9 998	3-8	0.013 0	0.013 0
	Bb-B1s	5	-2.400 0	-2.400 0	-2.400 0	9 916	9 917	3-4	0.006 2	0.006 3
	Bb-B1	6	3.430 0	3.430 0	3.433 9	9 934	9 935	4-5	0.014 7	0.014 6
	Bb-C2	7	-2.400 0	-2.399 7	-2.399 9	9 849	9 850	5-6	0.001 1	0.001 1
	Bb-E1	8	2.510 0	2.510 0	2.510 0	10 010	10 010	6-7	0.024 2	0.024 1
								7-8	0.000 3	0.000 3
								合计	0.065 0	0.064 9

调度前 E_{GV}: 3.361 V　调度后 E_{GV}: 0.788 5 V

以内。另外,对于线路总损耗(见"合计"处),由调度前的 75.019 4 kW 降至 0.128 7 kW,符合实际运行要求的经济优化目标。最后,调度前后的综合调度指标 E_{GV} 从 31 830 V 跌落至 0.286 6 V,说明了网络潮流与理想状态间偏差的减小,而实际数据也很好地说明了这一点。

而在 04:00:00 的负荷谷值时,可以发现在调度前网络潮流数据就已经接近于理想状态,因此调度前的 E_{GV} 达到了较小值(3.361 V)。但是,经过有功调度后,E_{GV} 进一步降至 0.788 5 V,并且节点 7 的负荷功率、节点电压和线路总损耗都显示了微小的优化。这表明建立的综合调度指标和相应的调度策略不仅适用于大幅度的潮流调度优化,对于网络潮流的细微调整也有一定的作用。

4.3 变流器对直流配电网运行动态的影响

直流配电网的显著特点是电力系统的电力电子化,相比于交流电网,直流配电网的电力电子技术、信息控制技术应用更加全面。直流配电网具有智能化、分布式、高效和灵活的特点;同时,控制手段、目标和策略也更加多样,可以实现对包括电压、电流、功率、交流侧频率/相位等多种电气参数进行控制,可以实现本地控制和广域控制,各种先进的控制理论和方法在电网运行实践中得到极大的应用。

显而易见,多种电力电子装备给直流配电网运行能力和运行的灵活性带来便利的同时,也使得电网的结构变得复杂,大量的电力电子变换器和系统中已有的大量变压器、互感器、补偿设备等非线性元件可能产生交互作用,引发复杂的电磁暂态过程和动态稳定性问题。与常规电力系统不同,电力电子化电力系统在运行点处是一个典型的线性时变系统(LTV 系统)。

针对原始系统方程 $\dot{x} = f(x, p, t)$,线性化即可得到典型的 LTV 系统方程:$\Delta\dot{x} = \boldsymbol{A}(t)\Delta x + Bu$,其中,$\boldsymbol{A}(t) = \boldsymbol{A}(t+T)$。因为电力电子化的系统也遵循周期运行方式,所以可以认为电力电子化电力系统是以周期 T 运行的,周期内的任何单一子区间的特征乘子不代表周期系统整体的稳定特性,其数学形式称为第一次回归映射或庞加莱映射。

处理 LTV 系统的传统近似方法,如状态空间平均法、傅立叶方法、动态相量法等,存在的主要问题是过度的近似和简化导致的验证不足,而且建模非常复杂且不够灵活,不能适用于大型系统且不能用于不同的控制策略,此外解析推导的工作量很大,计算效率低,难以实用。与上面方法不同,数学上精确描述具有周期特性的 LTV 系统的方法包括广义弗洛凯理论(Generalized Floquet Theory)和庞加莱映射理论(Poincare Map Theory)。

针对以下方程所描述的 LTV 系统 $\Delta\dot{x} = \boldsymbol{A}(t)\Delta x + Bu$,广义弗洛凯理论认

为,总是存在一个线性变换 $\bar{x}=P(t)x$,将原线性时变 LTV 系统变换为线性时不变 LTI 系统: $\Delta \dot{\bar{x}}=\bar{A}\Delta \bar{x}+P(t)Bu$,其中, $P(t)=\mathrm{e}^{\bar{A}}\psi^{-1}(t)$ 。 ψ 是原始系统方程的基矩阵 $\psi(t)=\{\psi_1(t),\psi_2(t),\psi_3(t),\cdots,\psi_n(t)\}$,基矩阵具有如下重要的周期特征: $\psi(t+T)=\psi(t)Q=\psi(t)\mathrm{e}^{\bar{A}T}$ 。 则 $Q=\psi^{-1}(t)\cdot\psi(t+T)=\mathrm{e}^{\bar{A}T}$,取 $t=T$,则可以得到 $Q=\psi^{-1}(T)\cdot\psi(2T)$,有 $\mathrm{e}^{\lambda_i T}=\sigma_i$,其中: λ_i 是 $\bar{A}$ 的特征值, σ_i 是 Q 的特征值。即 $\bar{A}$ 与 Q 的特征值具有相同的特征向量。

广义弗洛凯理论用于非线性系统稳定性分析的不足在于, ψ 的选择有一定的困难,因为需要选择 n 组独立的初始条件,或者重复积分系统 n 次,同时构建复杂的时变系统矩阵 n 次,对大型系统的计算效率较低;而且算法与目前所有的特征值软件包及仿真软件包都不兼容。此外,理论上严格的经典动力学方法是庞加莱映射理论,它适用于一般性的非线性系统,并与广义弗洛凯理论等价。

4.3.1　庞加莱映射(Pioncáre Mapping)理论

庞加莱映射理论是一种严格的非线性动力学理论,对于系统 $\dot{x}=f(x,p,t)$, $x\in R^n$, $f(x)$ 是定义在某个开集 $W\subset R^n$ 的一阶连续可微函数,除不动点 $\bar{x}$ 为其解外,还可能出现周期解。设 $x(t)$ 为系统的解,并且存在一个常数 T , $0<T<\infty$,使得 $x(t)=x(t+T)$, $t\geqslant 0$,那么 $x(t)$ 就是上述系统的一个周期解,该轨线称为闭轨或周期轨线。

假定 γ 是 R^n 中由非线性系统 $x'=f(x)$ 的 C^k 流 φ_t 的一个闭轨,又使得 $\Sigma\subset R^n$ 为一个 $n-1$ 维的超曲面且 $f(x)n(x)\neq 0$ 对所有的 $x\in\Sigma$ 皆成立,其中 $n(x)$ 是 Σ 在 x 处的单位法向量(即流与曲面处处横截)。设 γ 与 Σ 有唯一交点 p , $U\subseteq\Sigma$ 为 p 的某个邻域。那么对 Σ 上某一点 q 的庞加莱映射 $F:U\to\Sigma$ 定义为 $F(x)=\varphi_\tau(q)$ 。

其中, $\tau=\tau(q)$ 是经 q 点的轨线首次回到 Σ 所需的时间。一般说来, τ 依赖于 q ,不一定等于闭轨 γ 的周期 $T=T(p)$,当 $q\to p$ 时,将有 $\tau\to T$ 。 显然, p 点是庞加莱映射 P 的一个不动点。上述庞加莱映射的几何意义可由图 4-12 说明。

庞加莱映射实际上是对周期系统的频闪采样,属于一种点映射。它可以使映射空间的维数比原相空间的维数低一维,意义在于将连续流化为离散流。可以证明: P 在不动点 q 处的局部稳定性态决定了原闭轨的局部稳定性。因此,对上述已离散的系统研究可以得到关于原闭轨连续流的动态特性。

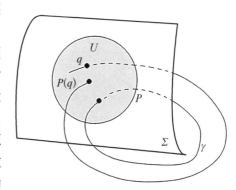

图 4-12　庞加莱映射的几何意义

对于通过庞加莱映射化为相应不动点问题去研究的问题,有如下结论,说明了离散流不动点的性质:设 x_0 是 C^1 同胚 g 的不动点,$\boldsymbol{D}$ 代表雅可比矩阵,如果 $\boldsymbol{D}g(x_0)$ 的谱小于 1,则 x_0 是渐进稳定的;如果 $\boldsymbol{D}g(x_0)$ 有模大于 1 的谱点,则 x_0 是不稳定的。

因此,通过研究庞加莱映射可以判断周期轨线的稳定性。在 R^n 空间,谱点就是特征值。由动力系统几何理论中的管形流定理可以证明,F 为映射,$\boldsymbol{D}F(q)$ 的特征值与庞加莱截面的选取无关。

定义庞加莱映射 F 为系统状态从 t_0 到 t_1 的映射,即 $F(x(t_0))=x(t_1)$。 如果 $F(x(t_0))=x(t_0)$,则系统处于稳态且 $x(t_0)$ 是映射 F 的不动点。

映射 F 可以由系统的状态方程经过一个周期 T 的积分得到,积分是按电力电子开关的通断分段进行的,通断时刻依赖于电力电子变送器的状态和控制策略。映射 F 的不动点可由牛顿-拉弗森法迭代求解。在 x_0 处的导算子 $\boldsymbol{D}F(x_0)$ 为雅可比矩阵 $\boldsymbol{J}=\boldsymbol{D}F(x_0)$,电力电子变换器的系统动态稳定性将由 $\boldsymbol{D}F$ 的特征值决定。图 4 - 13 给出了一个简单的周期开关过程的例子,可以描述一个简单的两次开断的开关过程。

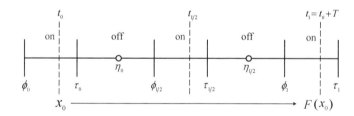

图 4 - 13 一个简单周期内的简单开关过程

根据图 4 - 13 建立庞加莱映射如下:

$$
\begin{aligned}
F = f(x_0, t_0, t_1) &= f_{\mathrm{on}}(P^t y(\phi_1), \phi_1, t_1) \\
&= f_{\mathrm{on}}(P^t f_{\mathrm{off}}(f_{\mathrm{on}}(Px(\tau_{1/2}), \tau_{1/2}, \phi_1)\phi_1), \phi_1, t_1) \\
&= f_{\mathrm{on}}(P^t f_{\mathrm{off}}(Pf_{\mathrm{on}}(x_{1/2}, t_{1/2}, \tau_{1/2}), \tau_{1/2}, \phi_1), \phi_1, t_1) \quad (4-28) \\
&= f_{\mathrm{on}} P^t f_{\mathrm{off}} P f_{\mathrm{on}}(x_{1/2}) \\
&= f_{\mathrm{on}} P^t f_{\mathrm{off}} P f_{\mathrm{on}} P f_{\mathrm{on}}(x_0)
\end{aligned}
$$

式中:P^t 为庞加莱映射规则,由式(4 - 28)求出庞加莱映射的导函数 DF,根据离散流不动点的性质,分析 DF 的雅可比矩阵特征值,即可得到整个电力电子变换器系统动态稳定性的结果。

4.3.2　简单直流系统的庞加莱映射建模

以一个含储能系统的直流微电网示例说明。如图 4 - 14 所示,整体包括三部分:Ⅰ 为储能端,包含计及电池内阻 r_b 的储能电池,续流电感 L,两个电力电子开关 S_1、S_2;Ⅱ 为微电网的直流母线端,包含直流母线电容 C 和电阻性负载 R_L;Ⅲ 为微电网的电源端,包含 $M \times N$ 个计及内阻 r_s 的直流恒流源 i_s、限制电流方向的二极管 V。其中,续流电感 L、电力电子开关 S_1、S_2、寄生二极管 V_1、V_2 和直流母线电容 C 组成双向 DC - DC 变换器,其通过两个开关管,改变储能电池电流 i_b 方向变化,完成储能电池的充电和放电,稳定直流母线电压 u_d。

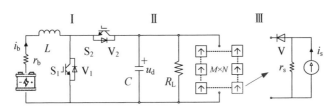

图 4 - 14　含储能系统的微电网结构

从上述系统可知,由于电源端为恒流源,当负载 R_L 突减时,如果没有储能端,直流母线电压 u_d 会急剧降低,会导致负载无法工作于额定电压下,严重时会导致微电网崩溃。此时,若系统中储能端工作,并且双向 DC - DC 变换器工作于 BOOST 模式,储能电池放电,增大负载电流,可以维持直流母线电压的稳定,保证微电网的安全稳定运行;反之,当负载 R_L 突增时,双向 DC - DC 变换器工作于 BUCK 模式,储能电池充电,消纳能量,减小负载电流,维持直流母线电压稳定。

1) 系统建模

考虑到系统中含多个串并联恒流源,计算较为复杂,因此简化系统结构如图 4 - 15(a)所示,储能电池电压为 e_b,由于二极管限制电流方向,则定义等效电流 i_{eq}、等效电阻 R_{eq},分别将其等效为串并联恒流源的总电流、直流电阻性负载和所有恒流源内阻的总电阻,表达式如下:

$$i_{eq} = N i_s \tag{4-29}$$

$$\frac{M}{R_{eq}} = \frac{M}{r_s} + \frac{N}{R_L} \tag{4-30}$$

在上述含有储能系统的微电网中,可通过储能系统保证直流母线电压的稳定。实际中,储能系统并不会在同一时间内交替工作于充电和放电状态,因此需要对储能系统的双向 DC - DC 变换器的 BOOST 和 BUCK 工作两种模式分别进行控制器的设计和控制参数的整定。图 4-15(a)的上图(i)和下图(ii)分别是储能系统简化结构中开关管 S_1、S_2 的控制框图,均采用电压电流双闭环的控制方法。电压外环采用比例积(PI)分控制,可以实现电压快速跟踪的无稳态误差控制;电流内环采用比例控制,保证储能电池电流快速跟随外环电压的变化。

如图 4-15(a)所示,脉宽调制(PWM)控制中,$S_{\mathrm{ramp}}(t)$ 是锯齿波载波信号,$S_{\mathrm{con}a}(t)$ 是调制信号,如式(4-31)所示:

$$S_{\mathrm{ramp}}(t) = S_\mathrm{L} + \frac{S_\mathrm{U} - S_\mathrm{L}}{T}(t \bmod T)$$

$$S_{\mathrm{con}a}(t) = K_{\mathrm{pi}a}\left\{-i_\mathrm{b} + \left[K_{\mathrm{pv}a}(U_{\mathrm{ref}} - u_\mathrm{d}) + K_{\mathrm{iv}a}\int(U_{\mathrm{ref}} - u_\mathrm{d})\mathrm{d}t\right]\Big/R_{\mathrm{v}a}\right\}$$

(4-31)

式中:S_L、S_U 分别为锯齿波谷值和峰值;T 为开关周期;$a=1$ 或 2,$a=1$ 表示运行于 BOOST 状态下的控制,$a=2$ 表示运行于 BUCK 状态下的控制;$K_{\mathrm{pv}a}$、$K_{\mathrm{iv}a}$ 分别为电压外环 PI 控制器的比例系数和积分系数;$K_{\mathrm{pi}a}$ 为电流内环比例控制器的比例系数;$R_{\mathrm{v}a}$ 为参数,在物理意义上类似电阻;U_{ref} 为直流母线电压参考值。

图 4-15(b)~(d)说明了双向 DC-DC 变换器运行在 BOOST 模式下,在 S_1 和 V_2 的 3 种不同开关状态下,电流传导路径;图 4-15(e)~(g)说明了双向 DC-DC 变换器运行在 BUCK 模式下,在 S_2 和 V_1 的 3 种不同开关状态下,能量传导路径,下一节会详细描述 6 种运行状态,根据上述电路结构及控制模框图,可以推导储能系统的状态方程和庞加莱离散映射迭代模型。

双向 DC-DC 变换器运行于 BOOST 模式时,S_1 和 V_2 交替导通和关断,S_2 和 V_1 保持关断,控制器输出 PWM1 信号(用符号 P_{WM1} 表示)控制 S_1 开关状态,如图 4-15(a)中(i)所示,当调制信号 $S_{\mathrm{con}}(t) > S_{\mathrm{ramp}}(t)$ 时,$P_{\mathrm{WM1}} = 1$,S_1 导通,V_2 关断,此时双向 DC-DC 变换器工作状态如 4-15(b)所示,储能电池给电感 L 充电,电感电流也是储能电池放电电流 i_b 短暂增大,电容 C 和等效恒流源 i_{eq} 共同给等效电阻负载 R_{eq} 提供能量,直流母线电压 u_d 短暂降低。当调制信号 $S_{\mathrm{con}}(t) \leqslant S_{\mathrm{ramp}}(t)$ 时,$P_{\mathrm{WM1}} = 0$,S_1 关断,V_2 导通,此时双向 DC-DC 变换器工作状态如 4-15(c)所示,储能电池和电感 L 共同给电容 C 和等效电阻负载 R_{eq} 提供能量,实现电容 C 充电,直流母线电压 u_d 升高恢复,储能电池充电电流 i_b 短暂减小,等效恒流源 i_{eq} 保持给 R_{eq} 提供能量。注意,当电感电流 i_b 减小为 0 时,系统工作于断续工作模式,如 4-15(d)所示,电容 C 和等效恒流源 i_{eq} 共同给等效电阻负载 R_{eq} 提供能量,直流母线电压 u_d 短暂下降。

根据上述对储能系统中双向 DC-DC 变换器工作于 BOOST 状态下的三种能量传导路径,以及 PWM1 控制律,得到系统的状态空间方程:

$$\dot{\boldsymbol{x}} = \boldsymbol{A}_k \boldsymbol{x} + \boldsymbol{B}_k$$

(4-32)

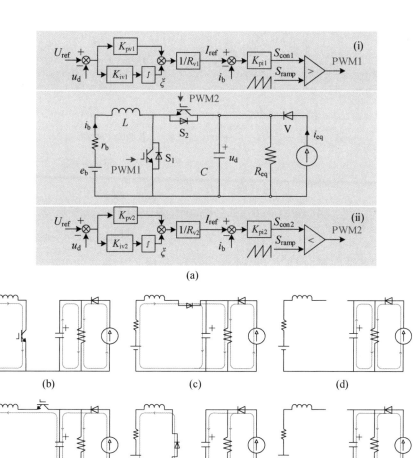

图 4-15　简化系统，控制框图，BOOST、BUCK 运行模式电路结构

(a) 储能系统简化结构图，两种运行模式下的控制框图；(b)～(d) BOOST 模式下，分别为(S₁ - ON，V₂ - OFF)，(S₁ - OFF，V₂ - ON)，(S₁ - OFF，V₂ - OFF)，三种能量传导路径图；(e)～(g) BUCK 模式下，分别为(S₂ - ON，V₁ - OFF)，(S₂ - OFF，V₁ - ON)，(S₂ - OFF，V₁ - OFF)，三种能量传导路径图

式中：状态变量 $x = \begin{bmatrix} u_d & i_b & \xi \end{bmatrix}^T$，$u_d$ 为直流母线电压，i_b 为储能电池放电电流，ξ 为电压外环 PI 控制器中积分环节输出，表达式为

$$\xi = K_{iv} \int (U_{ref} - u_d) dt \qquad (4-33)$$

$A_k \in \mathbf{R}^{3\times3}$ 和 $B_k \in \mathbf{R}^{3\times1}$ 是 BOOST 状态下系统矩阵和输入矩阵，$k = 1, 2, 3$ 分别对应图 4-15(b)～(d)中(S₁ - ON，V₂ - OFF)，(S₁ - OFF，V₂ - ON)，(S₁ - OFF，V₂ - OFF)系统三种工作状态。根据基尔霍夫电压定律和基尔霍夫电流定律，以及图 4-15(a)中 PWM1 控制律，矩阵 A_k 和 B_k 的表达式如下：

$$\boldsymbol{A}_1 = \begin{bmatrix} -1/CR_{eq} & 0 & 0 \\ 0 & -r_b/L & 0 \\ -K_{iv} & 0 & 0 \end{bmatrix}, \boldsymbol{B}_1 = \begin{bmatrix} i_{eq}/C \\ e_b/L \\ K_{iv}u_{ref} \end{bmatrix} \tag{4-34}$$

$$\boldsymbol{A}_2 = \begin{bmatrix} -1/CR_{eq} & 1/C & 0 \\ -1/L & -r_b/L & 0 \\ -K_{iv} & 0 & 0 \end{bmatrix}, \boldsymbol{B}_2 = \begin{bmatrix} i_{eq}/C \\ e_b/L \\ K_{iv}u_{ref} \end{bmatrix} \tag{4-35}$$

$$\boldsymbol{A}_3 = \begin{bmatrix} -1/CR_{eq} & 0 & 0 \\ 0 & 0 & 0 \\ -K_{iv} & 0 & 0 \end{bmatrix}, \boldsymbol{B}_3 = \begin{bmatrix} i_{eq}/C \\ 0 \\ K_{iv}u_{ref} \end{bmatrix} \tag{4-36}$$

对储能系统中双向 DC‐DC 变换器运行于 BUCK 模式的分析与上述情况类似，此处不进行赘述。显而易见，上述所建立的 BOOST 和 BUCK 状态下系统的状态方程是一个分段的线性常微分方程，依据庞加莱映射原理，根据分段线性常微分方程可以推导得到时域中的离散迭代映射模型，是分析 DC‐DC 变换器非线性现象及其稳定性的有效方法，因此采用庞加莱映射分析储能系统的非线性动力学行为。

2）庞加莱映射模型

以下推导 BOOST 运行方式下的映射。

在第 n 个开关周期中，设初始状态为 $\boldsymbol{x}_n$，终止状态为 $\boldsymbol{x}_{n+1}$，在 2.1.1 节分析的储能系统的三种工作状态，即（S_1‐ON，V_2‐OFF）、（S_1‐OFF，V_2‐ON）、（S_1‐OFF，V_2‐OFF），持续时间分别为 τ_1、τ_2、τ_3。当双向 DC‐DC 变换器工作于电流连续模式（CCM）时，$\tau_3=0$，$\tau_1+\tau_2=T$，T 为开关周期；当双向 DC‐DC 变换器工作于电流断续模式（DCM）时，$\tau_3\neq0$，$\tau_1+\tau_2+\tau_3=T$。根据庞加莱映射理论及在 2.1.1 节得到的分段状态方程，在一个开关周期内，得到 3 个局部庞加莱映射 $P_k(k=1,2,3)$，具体为

$$P_1: \boldsymbol{x}_n \rightarrow \boldsymbol{x}_{n+\tau_1}: \boldsymbol{\varphi}_1(\tau_1, \boldsymbol{x}_n)$$

$$P_2: \boldsymbol{x}_{n+\tau_1} \rightarrow \boldsymbol{x}_{n+\tau_1+\tau_2}: \boldsymbol{\varphi}_2(\tau_2, \boldsymbol{x}_{n+\tau_1}) \tag{4-37}$$

$$P_3: \boldsymbol{x}_{n+\tau_1+\tau_2} \rightarrow \boldsymbol{x}_{n+\tau_1+\tau_2+\tau_3}: \boldsymbol{\varphi}_3(\tau_3, \boldsymbol{x}_{n+\tau_1+\tau_2})$$

其中，状态转移矩阵 $\boldsymbol{\varphi}_1(\tau_1, \boldsymbol{x}_n)$、$\boldsymbol{\varphi}_2(\tau_2, \boldsymbol{x}_{n+\tau_1})$，$\boldsymbol{\varphi}_3(\tau_3, \boldsymbol{x}_{n+\tau_1+\tau_2})$ 具体如下：

$$\boldsymbol{\varphi}_1(\tau_1, \boldsymbol{x}_n) = \boldsymbol{\phi}_1(\tau_1)\boldsymbol{x}_n + \boldsymbol{\psi}_1(\tau_1)\boldsymbol{B}_1$$

$$\boldsymbol{\varphi}_2(\tau_2, \boldsymbol{x}_{n+\tau_1}) = \boldsymbol{\phi}_2(\tau_2)\boldsymbol{x}_{n+\tau_1} + \boldsymbol{\psi}_2(\tau_2)\boldsymbol{B}_2 \tag{4-38}$$

$$\boldsymbol{\varphi}_3(\tau_3, \boldsymbol{x}_{n+\tau_1+\tau_2}) = \boldsymbol{\phi}_2(\tau_2)\boldsymbol{x}_{n+\tau_1+\tau_2} + \boldsymbol{\psi}_3(\tau_3)\boldsymbol{B}_3$$

矩阵 $\boldsymbol{\phi}_k$ 和 $\boldsymbol{\psi}_k$ 表达式如下：

$$\boldsymbol{\phi}_k(t) = \mathrm{e}^{\boldsymbol{A}_k t} , \quad \boldsymbol{\psi}_k(t) = \int_0^t \mathrm{e}^{\boldsymbol{A}_k \alpha} \mathrm{d}\alpha \qquad (4-39)$$

需要注意的是，对于 $\boldsymbol{\psi}(t)$ 的求解，如果矩阵 $\boldsymbol{A}$ 是非奇异矩阵，那么 $\boldsymbol{\psi}(t) = \boldsymbol{A}^{-1}(\mathrm{e}^{\boldsymbol{A}} - \boldsymbol{I})$，$\boldsymbol{I}$ 是相应维数的单位矩阵；如果 $\boldsymbol{A}$ 是奇异矩阵，那么其可以用矩阵指数的时间序列表示，即：

$$\boldsymbol{\psi}(t) = \left(\boldsymbol{I}t + \frac{\boldsymbol{A}t^2}{2} + \frac{\boldsymbol{A}^2 t^3}{6} + \cdots + \frac{\boldsymbol{A}^k t^{k+!}}{(k+1)!} + \cdots \right)$$

最后，$\boldsymbol{x}_{n+\tau_1+\tau_2+\tau_3} = \boldsymbol{x}_{n+1}$ 即为一个周期终止状态，那么系统全局庞加莱映射 P 可写为

$$
\begin{aligned}
P: \boldsymbol{x}_n \rightarrow \boldsymbol{x}_{n+1} :&= P(\boldsymbol{\tau}, \boldsymbol{x}_n) \\
&= \boldsymbol{\varphi}_3(\tau_3, \boldsymbol{\varphi}_2[\tau_2, \boldsymbol{\varphi}_1(\tau_1, \boldsymbol{x}_n)]) \\
&= \boldsymbol{\Phi}(\boldsymbol{\tau})\boldsymbol{x}_n + \boldsymbol{\Psi}(\boldsymbol{\tau})
\end{aligned}
\qquad (4-40)
$$

其中，

$$\boldsymbol{\Phi}(\boldsymbol{\tau}) = \phi_3(\tau_3)\phi_2(\tau_2)\phi_1(\tau_1)$$

$$\boldsymbol{\Psi}(\boldsymbol{\tau}) = \phi_3(\tau_3)\phi_2(\tau_2)\psi_1(\tau_1)\boldsymbol{B}_1 + \phi_3(\tau_3)\psi_2(\tau_2)\boldsymbol{B}_2 + \psi_3(\tau_3)\boldsymbol{B}_3$$

式中：$\boldsymbol{\tau} = [\tau_1, \tau_2, \tau_3]^{\mathrm{T}}$。需要注意的是，上述庞加莱映射公式描述了系统运行于 DCM 状态的迭代过程，当系统运行于 CCM 模式时，局部映射只包含 P_1 和 P_2，那么 $\Phi(\tau)$ 和 $\Psi(\tau)$ 中也不包含 $\phi(\tau_3)$、$\psi_3(\tau_3)\boldsymbol{B}_3$。对于全局映射 P 的不动点 $\boldsymbol{x}^*$ 对应有 $\boldsymbol{x}^* = P(\boldsymbol{\tau}^*, \boldsymbol{x}^*)$，不动点 $\boldsymbol{x}^*$ 可以通过数值方法如牛顿-拉弗森法、龙格库塔法并依据全局映射 P 周期性迭代得到。

如前所述，在庞加莱截面上的不动点反映了系统流形的非线性动力学行为，那么设不动点 $\boldsymbol{x}^*$，通过观察在不动点 $\boldsymbol{x}^*$ 处的庞加莱映射模型的雅可比矩阵 $\boldsymbol{J}$ 的特征值的与单位圆的相对位置可以判断系统的非线性动力学行为，特征值可通过在不动点 $\boldsymbol{x}^*$ 处的特征方程求取：

$$\det(\boldsymbol{J} - \lambda \boldsymbol{I}) = 0 \qquad (4-41)$$

一般来说，系统失稳的常见条件是系统的雅可比矩阵至少有一个特征值的模大于 1，即在单位圆外。在分岔点处，其特征值 $\lambda = 1$，可以写作 $\lambda = \mathrm{e}^{\mathrm{j}\theta}$。对于光滑的庞加莱映射，其雅可比矩阵的特征值穿出单位圆一般有三种方式。当 $\theta = \pi$，系统会发生倍周期分岔(period doubling bifurcation，PDB)；当 $\theta = 0$ 时，系统的一对周期轨道合并并消失，发生鞍-结分岔(saddle-node bifurcation，SNB)；对于其他的

θ，可能会发生 neimark-sacker 分岔(neimark-sacker bifurcation，NSB)。当特征值从单位圆内任意位置突然跳出至单位圆外任意位置，发生边界碰撞分岔(border collision bifurcation，BCB)。

雅可比矩阵 $\boldsymbol{J}$ 的表达式为

$$\boldsymbol{J} = \boldsymbol{\Phi}(\tau) - \frac{\partial P}{\partial t}\left(\frac{\partial \sigma}{\partial t}\right)^{-1}\left(\frac{\partial \sigma}{\partial x_n}\right) \qquad (4-42)$$

式中：$\sigma(\tau, x_n)$ 为开关函数，是关于状态变量 x_n 和开关导通持续时间 τ 的函数，其表达式为

$$\boldsymbol{\sigma}(\tau, x_n) = S_{\text{con1}}(t) - S_{\text{ramp}}(t) \qquad (4-43)$$

令 $S_{\text{con1}}(t) = \boldsymbol{K}_1(x_{\text{ref}} - x)$

$$\boldsymbol{K} = \begin{bmatrix} \dfrac{K_{\text{pi1}}K_{\text{pv1}}}{R_{\text{v1}}} & K_{\text{pi1}} & -\dfrac{K_{\text{pi1}}}{R_{\text{v1}}} \end{bmatrix}, \quad x_{\text{ref}} = \begin{bmatrix} U_{\text{ref}} & 0 & 0 \end{bmatrix}^{\text{T}}$$

式中：$\boldsymbol{K}_1$ 为 BOOST 模式下控制参数列向量；x_{ref} 为参考列向量。

则有：

$$\sigma(\tau, x_n) = \boldsymbol{K}_1(x_{\text{ref}} - x) - S_{\text{ramp}}(t) \qquad (4-44)$$

那么开关函数 $\sigma(\tau, x_n)$ 分别对状态变量 x_n 和开关导通持续时间 τ 求导表达式为

$$\frac{\partial \sigma}{\partial x_n} = -\boldsymbol{K}_1 \phi_1(\tau_1) \qquad (4-45)$$

$$\frac{\partial \sigma}{\partial \tau} = -\frac{S_U - S_L}{T} - \boldsymbol{K}\dot{x}_1^- \qquad (4-46)$$

雅可比矩阵 $\boldsymbol{J}$ 对 τ 的偏导数，用同样的方法可以得到：

$$\frac{\partial P}{\partial \tau} = \phi_2(\tau_2)\Delta\dot{x}_1 \qquad (4-47)$$

式中：$\Delta\dot{x}_1 = \dot{x}_1^- - \dot{x}_1^+$，$\dot{x}_1^- = \boldsymbol{A}_1[\boldsymbol{\Phi}_1(\tau_1)\boldsymbol{X}_n + \boldsymbol{\psi}_1(\tau_1)\boldsymbol{B}_1] + \boldsymbol{B}_1$，$\dot{x}_1^+ = \boldsymbol{A}_2[\boldsymbol{\Phi}_1(\tau_1)\boldsymbol{X}_n + \boldsymbol{\psi}_1(\tau_1)\boldsymbol{B}_1] + \boldsymbol{B}_2$。

因为状态变量所在的向量场是不连续的，所以 $\dot{x}_k^-$ 表示开关状态变化前的微分，$\dot{x}_k^+$ 表示开关状态变化后的微分。

与储能系统中双向 DC-DC 变换工作于 BOOST 模式相似，类比 BOOST 模式下的雅可比矩阵的求解过程，BUCK 模式下的雅可比矩阵也不难得到。

4.3.3　简单直流系统运行动态分析

建立的离散迭代映射模型参数如表 4-4 所示。设计算迭代步长为 2 μs，初始条

件 $x_1 = 0$，在每个开关周期内迭代 100 次，共迭代 1 500 个周期。根据庞加莱映射截面选取原则，采样周期为电路的开关周期，并取迭代的最后 50 个点，可以得到控制参数 K_{pv1}、直流电容 C、等效电阻 R_{eq} 参数分别变化时对储能电池放电电流 i_b 和直流母线电压 u_d 的影响。

表 4 – 4　简单直流配电网系统的参数

参　数	定　　义	数　值	参　数	定　　义	数　值
e_b	蓄电池电压	24 V	T	开关周期	0.2 ms
i_{eq}	恒流源等效电流	1.5 A	r_b	蓄电池内阻	0.175 Ω
R_{eq}	等效电阻	20 Ω	K_{pi1}	电流内环比例系数	0.2
C	电容	47 μH	K_{pv1}	电压外环比例系数	0.4
L	电感	1.5 mH	K_{iv1}	电压外环积分系数	20

对于闭环电路系统来说，PI 控制中比例参数十分重要，因此首先研究控制参数 K_{pv1} 变化对含双向 DC – DC 变换器的非线性动力学行为的影响，所得结果如图 4 – 16、图 4 – 17、图 4 – 18 所示。图 4 – 16 描述了 K_{pv1} 从 0.4 变化到 1.2，直流母

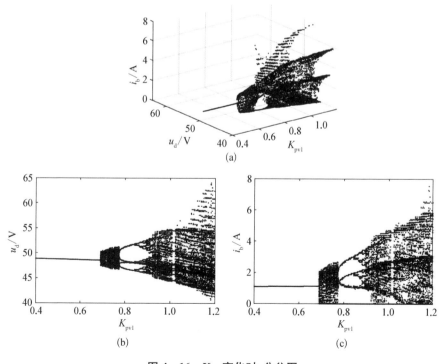

图 4 – 16　K_{pv1} 变化时，分岔图

(a) $K_{pv1} - u_d - i_b$，3D 分岔图；(b) $K_{pv1} - u_d$，2D 分岔图；(c) $K_{pv1} - u_d$，2D 分岔图

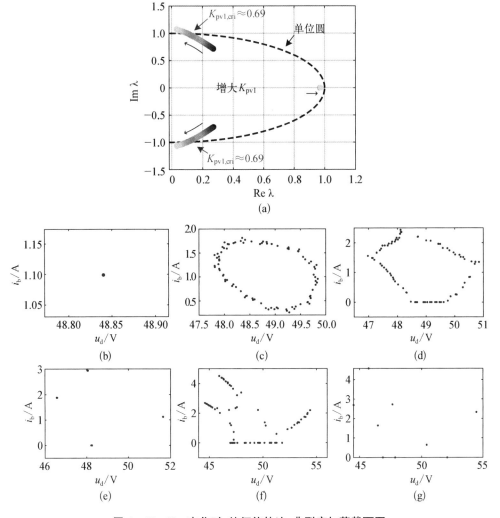

图 4-17 K_{pv1} 变化时,特征值轨迹,典型庞加莱截面图

（a）特征值轨迹图;（b）~（g）典型庞加莱截面图:（b）$K_{pv1}=0.45$,1 周期;（c）$K_{pv1}=0.69$,准周期;
（d）$K_{pv1}=0.73$,准周期;（e）$K_{pv1}=0.83$,锁频 4 周期;（f）$K_{pv1}=0.98$,混沌;（g）$K_{pv1}=1.02$,混沌

线电压 u_d 和储能电池放电电流 i_b 的 3 维和 2 维分岔图;特征值轨迹和典型庞加莱截面图如图 4-17 所示;图 4-18 中典型时域仿真图对应于图 4-17 中部分庞加莱截面图,验证系统的非线性动力学行为。

首先,K_{pv1} 在(0.4,0.69)范围逐渐增大时,图 4-16 中 3 维和 2 维分岔图是一条直线段;图 4-17(a)中一个实特征值趋近于点(0,1),一对复特征值在单位圆内趋向单位圆;图 4-17(b)庞加莱截面图是一个点。因此,系统工作于 CCM 工作模式且 1 周期稳定运行,是期望的系统工作状态。储能电池的放电电流 i_b 的时域波

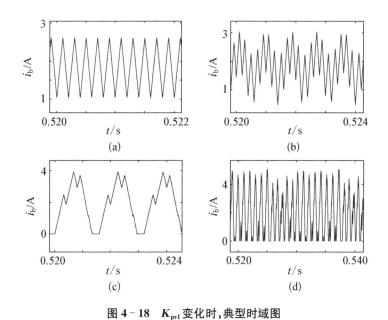

图 4 - 18　K_{pv1} 变化时,典型时域图

(a) $K_{pv1} = 0.45,1$ 周期;(b) $K_{pv1} = 0.69$,准周期;(c) $K_{pv1} = 0.83,4$ 周期;(d) $K_{pv1} = 1.02$,混沌

形也处于稳定的状态,如图 4 - 18(a)所示。

当 $K_{pv1} = K_{pv1,cri} \approx 0.690$(临界状态)时,在图 4 - 16 分岔图中,$u_d$ 和 i_b 的采样值突变为多个,系统不工作于单周期稳定状态。如图 4 - 17(a)所示,系统的雅可比矩阵的一对复特征值从单位圆穿出,发生 NSB。系统轨道的 2 维截面为圆环,工作于准周期状态,i_b 工作于低频振荡的状态,如图 4 - 18(b)时域波形图所示。这种低频振荡往往会影响微电网中各个环节安全稳定运行。

在发生 NSB 后,系统稳定状态的轨道是一个环面,并且随着 K_{pv1} 的进一步增大,会发生由于控制信号的饱和而引起的 BCB,这将导致系统的稳态环面会变得不光滑,系统的稳态轨道将会交替出现准周期行为和锁频行为。图 4 - 17(a)中穿出单位圆的复特征值随 K_{pv1} 的增大,逐渐远离单位圆。图 4 - 16(a)的 3 维分岔图可以更加清晰地看出庞加莱截面随分岔参数变化的演变过程。在图 4 - 17(d)中,$K_{pv1} = 0.73$,轨道截面为正多边形,也处于准周期状态,但与图 4 - 17(c) $K_{pv1} = 0.69$ 时不同,此时轨道变得不光滑,系统开始工作于 DCM 与 CCM 交替工作的状态,这是不期望出现的工作状态,因为由于放电电流的巨大纹波,会对储能电池寿命造成一定的损害。在图 4 - 17(e)中,$K_{pv1} = 0.83$,庞加莱截面图为 4 个点,系统工作于 4 周期锁频状态,如图 4 - 18(c)中电流 i_b 的波形所示,仍然工作于 CCM 和 DCM 交替的状态,这也是不期望出现的。

最后,随着 K_{pv1} 的继续增大,系统发生混沌行为,如图 4 - 17(f)～(g),庞加莱截面图变为不封闭图形。需要注意的是,图 4 - 16 中分岔图在 $K_{pvl} = 1.02$ 附近发生类似锁频行为,但由于锁频周期随着分岔参数的变化而逐渐减小,所以判断此时系统处于混沌状态,图 4 - 18(d)时域波形可以验证,$K_{pvl} = 1.02$ 时,电流 i_b 的波形是混乱的。当 K_{pvl} 继续增大时,图 4 - 16(a)的 3 维分岔放射状越来越向外发散,表示系统更加混沌。

参 考 文 献

［1］徐政,陈海荣.电压源换流器型直流输电技术综述[J].高电压技术,2007(1)：1-10.

［2］Flourentzou N，Agelidis V G，Demetriades G D. VSC-based HVDC power transmission systems：an overview[J]. IEEE Transactions on Power Electronics, 2009，24(3)：592-602.

［3］汤广福.基于电压源换流器的高压直流输电技术[M].北京：中国电力出版社,2010.

［4］汤广福,贺之渊,庞辉.柔性直流输电工程技术研究、应用及发展[J]. 电力系统自动化, 2013,37(15)：3-14.

［5］宋强,赵彪,刘文华,等.智能直流配电网研究综述[J].中国电机工程学报,2013,33(25)：9-19.

［6］Salomonsson D，Sannino A. Low-voltage DC distribution system for commercial power systems with sensitive electronic loads[J]. IEEE Transactions on Power Delivery，2007，22(3)：1620-1627.

［7］Hammerstrom D J. AC versus DC distribution systems-Did we get it right? [C]//IEEE. Power Engineering Society General Meeting，23 July 2007，Tampa，USA：IEEE，2007：1-5.

［8］Starke M，Tolbert L M，Ozpineci B. AC vs. DC distribution：a loss comparison[C]// IEEE/PES Transmission and Distribution Conference and Exposition，2008，Chicago，IL，USA：2008：1-7.

［9］裘鹏,陆翌,黄晓明,等.中压交、直流配网供电能力比较[J].电力与能源,2015,36(2)：183-188.

［10］Starke M，Li F X，Tolbert L M，et al. AC vs. DC distribution：maximum transfer capability [C]//Power and Energy Society General Meeting—Conversion and Delivery of Electrical Energy in the 21st Century，2008，Pittsburgh，PA，USA：IEEE，2008：1-6.

［11］Dastgeer F，Kalam A. Efficiency comparison of DC and AC distribution systems for distributed generation[C]//Australasian Universities Power Engineering Conference，2009，Adelaide，SA，Australia：IEEE，2009：1-5.

［12］Musolino V，Piegari L，Tironi E. Simulations and field test results for potential applications of LV DC distribution network to reduce flicker effect[C]//Proceedings of 14th International Conference on Harmonics and Quality of Power，2010，Bergamo，Italy：IEEE，2010：1-6.

［13］Thomas B A. Edison revisited：Impact of DC distribution on the cost of LED lighting and distributed generation[C]//Twenty-Fifth Annual IEEE Applied Power Electronics Conference and Exposition（APEC），2010，Palm Springs，CA，USA：IEEE，2010：588－593.

[14] Wang F，Pei Y Q，Boroyevich D. AC vs. DC distribution for off-shore power delivery[C]// 34th Annual Conference of IEEE Industrial Electronics，2009，Orlando，FL，USA：2009：2113－2118.

[15] Wu T F，Sun K H，Kuo C L，et al. Predictive current controlled 5-kW single-phase bidirectional inverter with wide inductance variation for DC-microgrid applications[J]. IEEE Transactions on Power Electronics，2010，25(12)：3076－3084.

[16] 喻锋，王西田，林卫星，等.一种快速的模块化多电平换流器电压均衡控制策略[J].中国电机工程学报,2015,35(4)：929－934.

[17] Boroyevich D，Cvetković I，Dong D，et al. Future electronic power distribution systems a contemplative view[C]//12th International Conference on Optimization of Electrical and Electronic Equipment，2010，Brasov，Romania：2010：1369－1380.

[18] Huang A Q，Crow M L，Heydt G T，et al. The future renewable electric energy delivery and management（FREEDM）system：the energy internet[J].Proceedings of the IEEE，2011，99(1)：133－148.

[19] Kakigano H，Miura Y，Ise T，et al. DC micro-grid for super high quality distribution：system configuration and control of distributed generations and energy storage devices[C]// 37th IEEE Power Electronics Specialists Conference，2006，Jeju，Korea（South）：1－7.

[20] Kakigano H，Miura Y，Ise T. Low-voltage bipolar-type DC microgrid for super high quality distribution[J]. IEEE Transactions on Power Electronics，2010，25(12)：3066－3075.

[21] 朱克平,江道灼,胡鹏飞.含电动汽车充电站的新型直流配电网研究[J].电网技术,2012, 36(10)：35－41.

[22] 赵彪,于庆广,孙伟欣.双重移相控制的双向全桥DC－DC变换器及其功率回流特性分析[J].中国电机工程学报,2012,32(12)：43－50.

[23] 童亦斌,吴岭,金新民,等.双向DC－DC变换器的拓扑研究[J].中国电机工程学报,2007 (13)：81－86.

[24] 杜翼,江道灼,尹瑞,等.直流配电网拓扑结构及控制策略[J].电力自动化设备,2015,35(1)：139－145.

[25] 方进,邓珂琳,温家良.环网式三端直流输电系统及直流断路器应用的分析与仿真[J].电网技术,2012,36(6)：244－249.

[26] Celli G，Ghiani E，Mocci S，et al. A multiobjective evolutionary algorithm for the sizing and siting of distributed generation[J]. IEEE Transactions on Power Systems，2005，20(2)：750－757.

[27] 李可.直流配电网拓扑结构与可靠性研究[D].保定：华北电力大学,2014.

[28] Bahrman M P，Johnson B K. The ABCs of HVDC transmission technologies[J]. IEEE Power and Energy Magazine，2007，5(2)：32－44.

[29] 徐政,薛英林,张哲任.大容量架空线柔性直流输电关键技术及前景展望[J].中国电机工程学报,2014,34(29)：5051－5062.

[30] Beerten J，Cole S，Belmans R. A sequential AC/DC power flow algorithm for networks containing Multi-terminal VSC HVDC systems[C]//IEEE PES General Meeting，2010，

Minneapolis，MN，USA：IEEE，2010：1－7.

［31］Zhang X P. Multiterminal voltage-sourced converter-based HVDC models for power flow analysis［J］. IEEE Transactions on Power Systems，2004，19(4)：1877－1884.

［32］张伟超.基于 VSC－HVDC 的直流配电网研究［D］.保定：华北电力大学，2013.

［33］吴锐，温家良，于坤山，等.不同调制策略下两电平电压源换流器损耗分析［J］.电网技术，2012，36(10)：93－98.

［34］Lesnicar A，Marquardt R. An innovative modular multilevel converter topology suitable for a wide power range［C］//IEEE Bologna Power Tech Conference Proceedings，2003，Bologna，Italy：2003：6.

［35］Hagiwara M，Akagi H. Control and experiment of pulsewidth-modulated modular multilevel converters［J］. IEEE Transactions on Power Electronics，2009，24(7)：1737－1746.

［36］Zhou Y B，Jiang D Z，Hu P F，et al. A prototype of modular multilevel converters［J］. IEEE Transactions on Power Electronics，2014，29(7)：3267－3278.

［37］周建.MMC－HVDC 故障分析和保护策略研究［D］.合肥：合肥工业大学，2013.

［38］张方华，严仰光.直流变压器的研究与实现［J］.电工技术学报，2005(7)：76－80.

［39］喻锋，王西田，解大.多端柔性直流下垂控制的功率参考值修正方法［J］.电力自动化设备，2015，35(11)：117－122.

［40］梁志成，马献东，王力科，等.实时数字仿真器 RTDS 及其应用［J］.电力系统自动化，1997(10)：61－64.

［41］李保福，李营，王芝茗，等.RTDS 应用于线路保护装置的动模试验［J］.电力系统自动化，2000(15)：69－70.

［42］常晓飞，符文星，闫杰.RT－LAB 在半实物仿真系统中的应用研究［J］.测控技术，2008(10)：75－78.

［43］周林，贾芳成，郭珂，等.采用 RT－LAB 的光伏发电仿真系统试验分析［J］.高电压技术，2010，36(11)：2814－2820.

［44］Demello F，Swann D，Dolbec A，et al. Analog computer studies or system overvoltages following load rejections［J］. IEEE Transactions on Power Apparatus and Systems，1963，82(65)：42－49.

［45］McElroy A，Porter R. Digital computer calculation of transients in electric networks［J］. IEEE Transactions on Power Apparatus and Systems，1963，82(65)：88－96.

［46］H. W.多梅尔.电力系统电磁暂态计算理论［M］.李永庄，译.北京：水利电力出版社，1991.

［47］韩祯祥，张琦，徐政.电力系统分析软件的现状与发展［J］.国际电力，1999(1)：46－49.

［48］电力科学研究院系统所.电力系统分析软件 BPA 培训手册［R］.北京：电力科学研究院系统所，2000.

［49］张艳，毛晓明，陈少华.电力系统计算分析软件包：中国版 BPA［J］.广东工业大学学报，2008，25(4)：73－77.

［50］尹建华，田杰，韩祯祥.BPA 程序中通用控制器的开发［J］.电力系统自动化，1998(3)：13－15＋29.

［51］解大，喻松涛，陈爱康，等.基于下垂特性调节的直流配电网稳态分析［J］.中国电机工程学报，2018，38(12)：3516－3528＋11.

[52] 林良真,叶林.电磁暂态分析软件包 PSCAD/EMTDC[J].电网技术,2000(1)：65-66.

[53] 韩祯祥,张琦,徐政.一个大型集成化的电力系统仿真计算软件：NETOMAC[J].电力系统自动化,1997(9)：47-50.

[54] Lei X, Lerch E, Povh D, et al. A large integrated power system software package-NETOMAC[C]//International Conference on Power System Technology, 1998, Beijing, China：17-22.

[55] 刘新东,黄元亮,谢龙汉. PSS/E 电力系统分析及仿真[M].北京：电子工业出版社,2011.

[56] 祝瑞金,傅业盛.电力系统高级仿真软件 PSS/E 的消化与应用[J].华东电力,2001(2)：8-11+62.

[57] 吴中习,周泽昕,张启沛,等.《电力系统分析综合程序》用户程序接口(PSASP/UPI)的开发和应用[J].电网技术,1996(2)：15-20.

[58] Wu Z X, Zhou X X. Power system analysis software package (PSASP)-an integrated power system analysis tool[C]//International Conference on Power System Technology, January 1, 1998, Beijing, China.

[59] Xie D, Zhang L Q, Gu C H, et al. The steady-state analysis of DC distribution network embedded droop control and power flow controller[J]. Journal of Electrical Engineering and Technology, 2019, 14(6)：2225-2238.

[60] 程华,徐政.PSASP 与 PSS/E 稳定计算的模型与结果比较[J].电网技术,2004(5)：1-4+8.

[61] 伍家洁.基于 MATLAB SIMULINK 的电力系统建模[J].重庆电力高等专科学校学报,2005(2)：8-11.

[62] 姚伟,文劲宇,程时杰,等.基于 Matlab/Simulink 的电力系统仿真工具箱的开发[J].电网技术,2012,36(6)：95-101.

[63] William T, Clifford H. Power flow solution by newton's method[J]. IEEE Transactions on Power Apparatus and Systems, 1967, PAS-86(11)：1449-1460.

[64] 顾丹珍,黄海涛,李晓露.现代电力系统分析[M].北京：机械工业出版社,2022.

[65] 何仰赞,温增银.电力系统分析(第三版)下册[M].武汉：华中科技大学出版社,2011：52-73.

[66] Stott B, Alsac O. Fast decoupled load flow[J]. IEEE Transactions on Power Apparatus and Systems, 1974, PAS-93(3)：859-869.

[67] Hermann D, William T. Optimal power flow solutions[J]. IEEE Transactions on Power Apparatus and Systems, PAS-87(10)：1866-1876.

[68] Talukdar Sarosh N, Giras Theo C, Kalyan Vibhu K. Decompositions for optimal power flows[J]. IEEE Transactions on Power Apparatus and Systems, 1983, PER-3(12)：3877-3884.

[69] Burchett R C, Happ H H, Vierath D R. Quadratically convergent optimal power flow[J]. IEEE Power Engineering Review, 1984, PER-4(11)：34-35.

[70] Shen C M, Laughton M A. Power-system load scheduling with security constraints using dual linear programming[J]. Proceedings of the Institution of Electrical Engineers, 1970, 117(17)：2117.

[71] Karmarkar N. A new polynomial-time algorithm for linear programming[J]. Combinatorica, 1984, 4(4)：373-395.

[72] Guan X H, Liu W, Papalexopoulos A D, et al. Application of a fuzzy set method in an

optimal power flow[J]. Electric Power Systems Research，1995，34(1)：11-18.

［73］解大，陈爱康，喻松涛，等.基于下垂控制的柔性直流配电网综合调度指标和调度策略[J].中国电机工程学报，2019，39(10)：2828-2840.

［74］Stott B. Power system dynamic response calculations[J]. Proceedings of the IEEE，1979，67(2)：219-241.

［75］Mori H. Optimal allocation of FACTS devices in distribution systems[C]//IEEE Power Engineering Society Winter Meeting，2001，Columbus，OH，USA：936-937.

［76］Wu R，Dewan S B，Slemon G R. Analysis of an AC-to-DC voltage source converter using PWM with phase and amplitude control[J]. IEEE Transactions on Industry Applications，1991，27(2)：355-364.

［77］Merlin M M C，Green T C，Mitcheson P D，et al. A new hybrid multi-level Voltage-Source Converter with DC fault blocking capability[C]//9th IET International Conference on AC and DC Power Transmission（ACDC），2001，London：1-5.

［78］Hefner，Allen R，Blackburn David L. An analytical model for the steady-state and transient characteristics of the power insulated-gate bipolar transistor[J] Solid-State Electronics，1988，31(10)：1513-1532.

［79］梁海峰，林嘉麟，李鹏.含分布式能源直流配电网的优化调度[J].中国电力，2016，49(3)：123-127+159.

［80］于晓蕾. 含电动汽车的交直流配电网最优潮流研究[D].保定：华北电力大学，2015.

［81］Ito Y，Zhong Q Y，Akagi H. DC microgrid based distribution power generation system [C]//The 4th International Power Electronics and Motion Control Conference，2004，Xi'an，China：1740-1745.

［82］曾正，邵伟华，冉立，等.基于直流电气弹簧的直流配电网电压波动抑制[J].电工技术学报，2016，31(17)：23-31.

［83］蒋智化，刘连光，刘自发，等.直流配电网功率控制策略与电压波动研究[J].中国电机工程学报，2016，36(4)：919-926.

［84］季一润，袁志昌，赵剑锋，等.一种适用于柔性直流配电网的电压控制策略[J].中国电机工程学报，2016，36(2)：335-341.

［85］马秀达，康小宁，李少华，等.直流配电网的电压协调控制策略[J].电力系统自动化，2016，40(17)：169-176.

［86］马秀达，康小宁，李少华，等.多端柔性直流配电网的分层控制策略设计[J].西安交通大学学报，2016，50(8)：117-122+150.

［87］Chen A K，Xie D，Yu S T，et al. Comprehensive evaluation index based on droop ccontrol for DC distribution system dispatching[J]. International Journal of Electrical Power and Energy Systems，2019，106：528-537.

［88］De Brabandere K，Bolsens B，Van den Keybus J，et al. A voltage and frequency droop control method for parallel inverters[J]. IEEE Transactions on Power Electronics，2007，22(4)：1107-1115.

［89］Novello L，Baldo F，Ferro A，et al. Development and testing of a 10-kA hybrid mechanical-static DC circuit breaker[J]. IEEE Transactions on Applied Superconductivity，2011，21(6)：

3621 - 3627.

[90] 朱童,余占清,曾嵘,等.混合式直流断路器模型及其操作暂态特性研究[J].中国电机工程学报,2016,36(1):18 - 30.

[91] 李猛,贾科,毕天姝,等.适用于直流配电网的测距式保护[J].电网技术,2016,40(3):719 - 724.

[92] 李猛,贾科,毕天姝,等.直流配电网保护技术评述[J].南方电网技术,2016,10(3):53 - 57+6.

[93] IEEE. IEEE Recommended Practice for the Design of DC Auxiliary Power Systems for Generating Systems[S]//Revision of IEEE Std 946—1992, 2005:1 - 40.

[94] 谢竹君,林卫星,张珂,等.直流电网潮流分级分区控制方法[J].中国电机工程学报,2016,36(7):1959 - 1968.

[95] 汤茂东,曲小慧,姚若玉,等.基于离散一致性算法的直流配电网多光伏协调控制策略[J].电力系统自动化,2020,44(24):89 - 95.

[96] 孙峰洲,马骏超,朱洁,等.直流配电网下垂参数小干扰稳定优化调控方法[J].电力系统自动化,2018,42(3):48 - 55.

[97] 王毅,黑阳,付媛,等.基于变下垂系数的直流配电网自适应虚拟惯性控制[J].电力系统自动化,2017,41(8):116 - 124.

[98] 李建国,赵彪,宋强,等.直流配电网中高频链直流变压器的电压平衡控制策略研究[J].中国电机工程学报,2016,36(2):327 - 334.

[99] 刘飞,熊晓琪,查鹏程,等.直流配电网网架结构与分布式光伏多目标协同优化[J].中国电机工程学报,2020,40(12):3754 - 3765.

[100] 金国彬,潘狄,陈庆,等.考虑自适应实时调度的多电压等级直流配电网能量优化方法[J].电网技术,2021,45(10):3906 - 3917.

[101] 刘琪,王守相,赵倩宇,等.基于信息间隙决策理论的下垂控制直流配电网运行参考点优化方法[J].电网技术,2022,46(11):4381 - 4391.

[102] 司鑫尧,赵竞涵,于淼,等.一种适用于多电压等级直流配电网的分散式双向电压支撑控制方法[J].电力自动化设备,2021,41(5):114 - 120.

[103] 贺惴,李勇,曹一家,等.考虑分布式储能参与的直流配电网电压柔性控制策略[J].电工技术学报,2017,32(10):101 - 110.

[104] 金国彬,潘狄,陈庆,等.考虑源荷不确定性的直流配电网模糊随机日前优化调度[J].电工技术学报,2021,36(21):4517 - 4528.

[105] Sun S X, Tang C Y, Xie D. Dynamic stability analysis of DC microgrid and construction of stability region of control parameters based on pioncáre map[J]. International Journal of Electrical Power and Energy Systems, 2023, 150: 107109.

索　引